一碗好汤
喝出好气色

|主 编 陈志田|

江西科学技术出版社

图书在版编目（CIP）数据

一碗好汤喝出好气色 / 陈志田主编. -- 南昌：江西科学技术出版社, 2014.1（2024.6重印）

ISBN 978-7-5390-4890-1

Ⅰ.①一… Ⅱ.①陈… Ⅲ.①保健－汤菜－菜谱 Ⅳ.①TS972.122

中国版本图书馆CIP数据核字(2013)第283088号

选题序号：ZK2013149

一碗好汤喝出好气色 陈志田主编

YIWAN HAOTANG HECHU HAOQISE

出版发行	江西科学技术出版社
社址	南昌市蓼洲街2号附1号
	邮编：330009　电话：（0791）86623491　86639342（传真）
印刷	唐山楠萍印务有限公司
经销	各地新华书店
开本	787mm×1092mm　1/16
字数	108千字
印张	12
版次	2014年1月第1版
印次	2024年6月第4次印刷
书号	ISBN 978-7-5390-4890-1
定价	49.00元

赣版权登字号-03-2013-185

目 录
CONTENTS

 Part 1 | 会喝汤，喝好汤

 Part 2 | 早晚一碗汤，轻松保健康

Part 3 | 常喝这些汤，赶走亚健康

Part 5 | 老年病，汤是最好的食疗方

脑动脉硬化，可以常喝这些汤

Part

1

会喝汤，喝好汤

汤是百姓餐桌上的重要组成部分，在我国饮食文化中地位极高。汤性温和而健脾胃，而且味道鲜美，对繁忙的都市人的身体大有好处。汤的种类五花八门，不同食材的处理与火候控制大有不同，本书开篇首先为大家介绍常见的煲汤常识和烹饪技巧。

汤的营养成分与功效

汤中有着大量的营养成分，不同的汤有不同的营养成分。

那些我们往往看上去平淡无奇的汤里面，其实蕴藏着极其丰富的营养物质，因为各种食物的营养成分都会在我们制作汤的过程中充分渗出，其中包括蛋白质、维生素、钙、铁、磷、锌、氨基酸等大量人体所必需的营养成分，而且用一般食材来做汤，过后都会有70%以上的营养物质溶在汤中。

从某种程度上讲，喝汤比吃菜更重要、更有益。举例来说，同样是鸡，煲鸡汤能使鸡肉中更多的营养渗出，而煎炒的鸡肉则容易丢失营养。再如清炒蔬菜，我们只吃到蔬菜，但在蔬菜汤中我们却能喝到维生素，进而喝出营养、喝出健康，只因为它是一碗汤。

当然，各式各样的汤中所包含的营养价值是不一样的。

◎汤煲可以保留食材的营养物质，食肉喝汤，健康滋补。

在日常生活中，我们最为常见的汤大致有三类——骨头汤、鸡汤、鱼汤。

骨头汤： 人们常常炖猪骨汤、牛骨汤等骨头汤，来帮助关节、骨骼、韧带和肌腱等恢复健康，因为这汤里面所含有的营养物质——氨基酸和脯氨酸，对于身体伤口的愈合能发挥重大功效，同时还能抑制炎症的扩散，增强我们的免疫力。而且，骨头在炖制慢熬的几个小时里面所释放出来的营养成分，还能够改善个人贫血症状，防治骨髓生长以及肺部和呼吸系统等方面的疾病。

鸡汤： 鸡汤一般可以用来抵抗感冒、伤寒，美容养颜。慈禧太后从前更是每日离不开"鸡蓉鸭舌汤"，并有八位名厨专门为她制作汤饮。中国的鸡汤、俄罗斯的罗宋汤、日本的海带酱汤，这些都是各个国家独具风味的名汤，深受各国老百姓所喜爱。

鱼汤： 鱼汤中鱼肉富含的蛋白质，可以促进婴幼儿及青少年生长发育，生病或身体有伤口的时候，也可以帮助复原及愈合。而且鱼肉的蛋白质肌纤维构造比较短，结缔组织也比较少，所以鱼肉吃起来较其他畜肉细致嫩滑，也较容易消化，非常适合幼儿及老年人食用。

有人说："十分营养七分汤。"这是对汤的营养成分最为贴切的形容。从汤式的不断变化和发展来看，"喝汤有营养"已经成为人们根深蒂固的一种观念。

喝汤的误区

随着对健康绿色饮食的推崇，喝汤仿佛渐渐成为人们日常生活里的一种习惯，而当它成为一种习惯以后，我们却忽略了其实喝汤也是一门学问。那么，你确定你真的喝对了汤吗？喝得有用吗？请随我们走出喝汤误区，让"无汤不欢"的你越喝越健康。

◎误区一：汤煲得越久营养越多

大多数的家庭主妇都喜欢每天熬制一道老火靓汤，有些人甚至在一天里花上大半天甚至是一整天来煲一道汤。事实上，即使是老火汤煲的时间也不宜过长，一般以2～3个小时为宜。因为汤一旦煲得太久，许多食材的营养物质会受到破坏，甚至蛋白质也会因为煲煮时间过长而变质，维生素也极易受到破坏。结果所煲的汤几乎与开水加调味料无异。所以煲得久，还不如煲得刚刚好。

◎误区二：喝汤不喝渣

大多数人都认为我们用来煲汤的食材经过长时间的熬制以后，食材本身变成了汤渣，已经丧失营养价值。其实，这种观念也是误区。有实验曾证明，用鸡、鸭、鱼、牛肉等不同蛋白质原料的食品煮6个小时以后的汤看上去是很浓的，我们以为浓汤中已经富含了所有的蛋白质，但其实还有85%的蛋白质依然存留在汤渣中。尽管汤渣口感不太好，但是当中所含的肽类还有氨基酸还是有利于人体的消化。

◎误区三：饭后喝汤

这个误区在北方比较常见。他们都习惯了吃完饭菜后再喝一碗浓汤，有人说这是一种有损健康的做法，本来用餐以后人体就处于饱胀状态，这时候还要再喝一碗汤，通常都是勉为其难的。而正确的做法是饭前喝汤，将口腔和肠道先润滑一下，起到开胃的作用，而且喝了汤以后有些许饱腹感，吃饭时才不至于吃得过多。所以常言道："饭前一碗汤，苗条又健康。"

◎误区四：汤水泡米饭

这是直接损害到胃健康的一种误区。因为人体要想很好地消化食物，本来就需要咀嚼较长时间，唾液分泌量自然也就比

◎所谓的"汤泡饭"，容易对胃的消化和吸收造成损害。

较多，这样才能有利于润滑和吞咽食物。汤若与饭菜混淆在一起，饭还没嚼烂，便与汤一道进入胃中，长此以往，必然直接损害消化系统，导致胃病。

总之，走出喝汤的误区，做到真正正确地品尝一碗汤饮，这也是生活饮食的一门必修课。

🍲 喝汤应分季节

喝汤不仅应该注意对症喝汤，不同人群喝不同的汤，而且更应该分季节喝汤，在恰当的季节喝对汤，这对养生也是至关重要的。有人说，不管什么季节多喝些汤对身体总是有好处的，其实不尽然，四季养生是有其自身规律的。那么，喝汤的季节，你真的喝对汤了吗？

◎ 春天喝养生补气汤

春天，是一个"复苏"的季节，适合来一碗养生补气汤。医学上指出，"春养于肝"，春天还是个养肝的季节，适合喝一些补肝益肝的汤，当然，也要根据每个人不同的体质而定。春天大多选择温和、清淡、补气的糖类食物来做汤。例如山药就是最好的食材，含有大量人体必需的B族维生素、维生素C和蛋白质、铁等有益元素，而且更重要的是其药性甘淡平和，是绿色保健食品。此外气血不足的人还可选用红枣、鸡蛋、芝麻、花生等煲汤，具有补肾益气作用。

◎ 夏天喝清补祛湿汤

夏天，赤日炎炎，总是让人联想到这是个挥洒汗水的季节。人体出汗太多，消耗大量体液以后就有必要补充流失的水分。这时候喝一碗绿豆汤就可以消暑解渴，凉爽无比。其次，冬瓜也是人们夏季煲汤的必然选择，比如鸭子炖冬瓜、瘦肉炖冬瓜都是夏季食补佳品。总而言之，夏天煲汤、喝汤主要还是以清补、祛湿、健脾、消暑为主要原则。

◎ 秋天喝甘淡滋润汤

一场秋雨一场凉，秋天是个凉爽的季节，同样也是个干燥的季节，所以秋天应该喝润燥养肺汤，首选食材为百合、菊花、莲子、山药。秋天气候干燥，容易引起咳嗽、皮肤干、声嘶、便秘、嘴唇干裂等健康问题，选用的煲汤材料最好是甘寒滋润之品。比如百合有润肺止咳、补肺的功效；菊花清心养神、生津祛风；莲子滋补强身；山药则老少咸宜。

◎ 冬天喝滋补祛寒汤

在寒冷的冬日里，喝上一碗热腾腾冒着烟气的浓汤，想必是让每个人都觉得温暖的事。的确，冬天是个万物休整的时节，也是人们进补和调理身体的最好季节，俗话里"三九补一冬，来年无病痛"说的也是这个道理。冬季进补能够增强人的免疫力，改善畏寒症状，调节体内的新陈代谢。温补时可以附带吃一些性凉的食物，比如萝卜、松花蛋等。尤其是女性更适宜在冬季进补。

◎ 在寒冷的冬季，喝上一口滋补的热汤，养生保健效果甚好。

对症喝汤有益健康

日常生活中，我们习惯将所喝的汤分为两类，即素汤、荤汤。

素汤主要包括海带汤、豆腐汤、紫菜汤、西红柿汤、冬瓜汤和米汤等；荤汤主要包括鸡汤、肉（除鸡肉以外）汤、骨头汤、鱼汤、蛋花汤等。无论是素汤还是荤汤，都应该根据个人的喜好与口味以及体质的特点来选料烹制，做到"对症喝汤"，才可以达到防病滋补、清热解毒的"汤疗"效果。

多喝汤不仅能够调节口味，补充体液，增强食欲，而且能防病抗病，对健康有益。

◎延缓衰老请多喝骨头汤

人到中老年，机体的种种衰老现象相继出现，微循环障碍会导致心脑血管疾病的产生。另外，老年人容易发生"钙迁徙"而导致骨质疏松、骨质增生和骨折等症。而骨头汤中的特殊养分即胶原蛋白可以为人体补充钙质，从而改善上述症状，延缓人体的衰老。

◎防治感冒宜多喝鸡汤

鸡汤特别是老母鸡汤中的特殊养分，可加快咽喉及支气管黏膜的血液循环，增加黏液的分泌，及时清除呼吸道病毒，缓解咳嗽、咽干、喉痛等症状，对感冒、支气管炎等防治效果尤佳。

◎解体衰要多喝菜汤

各种新鲜蔬菜中含有大量碱性成分，常喝蔬菜汤可使体内血液呈正常的弱碱性状态，防止血液酸化，并使沉淀于细胞中的污染物或毒性物质重新溶解后随尿排出体外。

◎素汤看似清淡，其中蕴含的丰富营养却具有很好的滋补作用。

◎缓解哮喘要多喝鱼汤

鱼汤中尤其是鲫鱼、墨鱼汤中含有大量的特殊脂肪酸，可防止呼吸道发炎，并防治哮喘发作，对儿童哮喘病更为有益，而且，鱼汤中的卵磷脂对病体的康复更为有利。

◎养气血请多喝猪蹄汤

猪蹄性平味甘，入脾、胃、肾经，能强健腰腿、补血润燥、填肾益精。另外，加入一些花生和猪蹄煲汤尤其适合女性进补，民间还用于妇女产后阴血不足、乳汁缺少症。

◎退风热宜多喝豆汤

如甘草生姜黑豆汤，对小便涩黄、风热入肾等症，有一定的治疗效果。

根据自身体质和年龄特征，选择合适的食材来煲汤饮，能促进身体健康，对疾病的预防也非常有效。

🍲 不同人群的喝汤方法

汤的营养丰富，但喝法也有讲究。不同人群对汤的营养需求是不一样的，不同的汤对人体产生的作用也是不一样的，在喝汤时，要懂得选择合适的汤去饮用。

◎ 男性要多喝补汤

"男人很累，男人很烦。"事业上的拼搏、商场中的竞争、生活中的负担以及男人不同的生理状况，这一切都给男人带来很大的精神压力和体力消耗，所以男人更需要"补"。

药补不如食补，而汤就是男人最适宜的补品。男性朋友可根据自己的身体状况来选择不同的补汤。如果要改善体质和身体状况，需要长期坚持汤补，最少坚持服用一段时间，待症状好转后再选用其他汤品对症滋补。男性适宜喝的补汤有东风螺汤、双鞭壮阳汤、复元汤、泥鳅虾汤、壮阳狗肉汤、羊外肾汤。

◎ 男性喝汤以壮阳滋补为主，可以多喝补汤，如虾汤。

◎ 女性要多喝甜汤

生活和工作上的双重压力，经常让女性感到身心疲惫、睡眠不佳、皮肤灰暗。到了秋冬季节，皮肤水分蒸发会加快，皮肤会因缺水变得粗糙、弹性变小，严重的会产生皲裂，这些都让爱美的职业女性苦恼不已。

在注意皮肤日常护理的同时，女性可以多吃一些用银耳、梨、红枣、莲子、核桃、百合、西红柿等润肺生津的食物煲的甜汤，能较好地滋润皮肤，达到美容护肤的目的。

◎ 小儿要喝蛋白质含量高的汤

小儿正处在长身体的阶段，对蛋白质的需要量比成人要高。

◎ 小儿处于长身体的阶段，可以多喝蛋白质丰富的汤。

蛋白质的主要来源除了乳制品，还来自肉类食品提供的动物性蛋白质。动物性食品的主要营养成分是蛋白质，被煨成汤后会有一些营养成分溶解在汤中，如少量氨基酸、肌酸、肉精、嘌呤基、钙等，增加了汤的鲜美，其主要的营养成分蛋白质绝大部分会保留在肉里，大部分脂肪和无机盐也还留在肉中。因此，利用肉类食品煨汤后，小儿既要喝汤，也要多吃汤中的肉，这样才能保证生长发育所需的营养成分。

◎老人饭前"开路汤"宜清淡

随着年龄增长，老年人体内水量会逐渐下降，若不适量增加饮水，会使血液黏稠度增加，容易诱发血栓形成心、脑疾患，还会影响肾脏的排泄功能。

为了保健养生，老年人每日餐前的"开路汤"应是一些清淡的汤。老年人饭前的"开路汤"以快速润滑食道、刺激消化道开始工作为目的。汤应以中等偏稀为最佳，口味要稍微偏淡，不适合选择酸、辣味重的汤，在做法上以简单为宜，比如鸡蛋黄瓜汤、紫菜汤、冬瓜汤、豆腐汤、菠菜汤等。

◎老人喝汤，以养生保健为宜，选择口味稍清淡的汤，如豆腐汤。

老年人饭前喝"开路汤"，温度要适宜，一次不能喝太多，能润肠道就可，但是早饭前可以多喝一点，因一夜睡眠后，人体

水分损失较多，需要大量地补充水分。

◎高血脂、肥胖人群不要喝脂肪量高的汤

高血脂、肥胖人群的心血管功能不同于常人，如果经常喝脂肪量过高的汤，很容易加重心脏的负担，继而加重病情，导致体质下降等多种不良反应。所以，这一类人群在喝汤时更应该小心。

◎产妇不要喝过浓的肉汤

产妇刚生产完，身体需要恢复，也要促使乳汁分泌，应该多喝如猪蹄汤、瘦肉汤、鲜鱼汤、鸡汤等水溶性营养物质丰富的汤。

产妇喝肉汤也有讲究。如果产后乳汁迟迟不下或下得很少，就应尽早喝点肉汤，以促使下乳。但是，肉汤越浓，脂肪含量就越高，乳汁中的脂肪含量也就越多，而含有高脂肪的乳汁不易被婴儿吸收，容易引起新生儿腹泻。所以，产妇要注意不要喝过浓的肉汤，以免影响宝宝的消化和吸收。

◎产妇的身体需要恢复，应多喝些如鸡汤等水溶性营养物质丰富的汤。

🍲 自辨体质喝对汤

健康其实是一种平衡，当这种平衡被打破时人们就会生病，而除了平衡体质之外的任何一种体质都是健康失衡的表现。

要调节失衡的健康，饭前喝汤是绝佳方式，但要辨清自身的体质，找到合适的养生食疗方法为宜。因为体质成因不同，所以其表现和调理的方法也不同。大体可分为以下几种体质：

◎ 阴虚体质

阴虚大多由于阴液不足、血液亏损引起，表现为口干舌燥、心烦失眠、面色发红、体型消瘦。应多吃具有滋补功效的食物，例如乳制品、芝麻、豆腐、鱼等，多喝川贝雪梨苹果猪肺汤、西红柿豆腐鱼丸汤等。

◎体质阴虚的人可以多喝有滋补功效的汤，比如鱼汤。

◎ 阳虚体质

阳虚体质的人因为阳气不足而致阴阳失调，大多数人会面色苍白、身体发冷、四肢冰凉，应多吃具有温阳功效的食物，比如山药芡实海马鹿肉汤、滋阴灵芝壮阳汤和羊肉汤。

◎ 气虚体质

气虚体质的人因为气的供应不足或是消耗过度，又或者因为常常生病，营养不良，通常会觉得头晕目眩，气息较弱，说话声音让人感觉中气不足，推荐饮用苦瓜猪肉汤、莲子人参汤、乌骨鸡汤等。

◎ 气郁体质

气郁是因为气不能畅快运行所致，表现大多为胸闷气短、热气结滞，应多吃具有顺气功效的食物，如荞麦面疙瘩汤、鸡蛋火腿汤。气郁者还可以适当饮酒，以活络血脉。

◎ 实热体质

实热体质大部分是由于疾病、积食引起，容易便秘、舌苔发黄、长青春痘等。应适当喝些具有清热降火功效的汤，例如海带汤、紫菜瘦肉汤，还有绿豆汤等都可以。

◎ 血虚和血瘀体质

血虚和血瘀主要是因为体内血液不足或是不能及时为身体各部分输送养分所致。血虚的人可以多喝百合大枣甲鱼汤、茶树菇猪肝汤；血瘀的人则应该常吃益母草和黑大豆等食品，常饮米汤煮油菜、核桃仁山楂汤。

🍲 汤的种类和常见烹饪技法

汤的种类繁多，做法也各有千秋。简单的一碗汤，衍生出百种花样，冷、热、酸、甜、苦、辣、咸，个中滋味如人生百态。

汤的种类大致上分为五大类，分别是素汤、清汤、上汤、西餐汤以及家用老汤五大类，不同种类的汤，其烹制手法也有所不同。

◎ 烹制素汤的方法

素汤制作时不用荤料，纯用净素原料，因而最忌鲜味不够、口感寡淡，因此素汤的制作也极为讲究。制素汤的原料主

◎素汤选用平日里常见的蔬菜为原料，制作也颇讲究。

要有黄豆芽、香菇、蘑菇、鲜笋等。黄豆芽、香菇一般用于制浓一点的素汤，笋和蘑菇一般用于制清一点的素汤。

浓汤的制作方法是用油爆炒材料后，加水用旺火焖；清汤的做法是将材料放入锅内，加水用大火烧开，然后改用小火慢炖。

◎ 煮制清汤的方法

所谓清汤，就是要求出锅后汤味清醇、汤汁清澈见底。要达到这个标准，必须准确把握三个要诀：一是火候，制汤的火开始时要旺，待水沸后转为中火；二是不能放酱油；三是原料要冷水下锅。

因为动物原料一般都含有余血，若用热水下锅，会使原料表皮很快收缩，内部的瘀血不能很快散发出来，因此容易影响汤的清度。

◎ 熬制上汤的方法

上汤又叫丁汤或高级清汤，是以一般清汤为基汁，进一步提炼精制而成。它是先用纱布将已制好的一般清汤过滤，除去渣状物，再将鸡腿肉去皮、斩成件，加葱、姜、黄酒以及适量的清水泡一泡，浸出血水，投入已过滤好的清汤中，上旺火加热，同时用手勺不断朝一个方向转动。待汤将沸时，立即改用小火，不能使汤翻滚，使汤中的悬浮物吸附在鸡蓉上，并用手勺将鸡蓉除净，

◎上汤一般以清汤为基汁，再进一步提炼精制而成。

这就成了极为澄清的上汤。这一过程叫做"吊汤"。也可将鸡蓉捞起后压成饼状，再放烫面上漂浮一段时间，使其中的蛋白质充分溶解于汤中，然后再除去鸡蓉，这种方法叫做"单吊汤"；还可以用鸡脯为原料按上述方法再吊一次，则称为"双吊汤"，其味绝顶。

◎ 西餐汤的做法

将奶油或猪油与面粉按1∶1的比例下锅，用小火慢慢炒拌，待面粉颜色变黄，外观呈凝乳状即可。

倘要强调香味，可先用油炸洋葱丝，然后炒面粉。一般来说，豆油等素油也可采用，但香味不及奶油和猪油。在汤调好味道之后，像勾芡一样放入炒好的面浆。上述方法做成的汤稠厚滑腻，香浓可口。

◎ 家用老汤的制作方法

老汤是指使用多年卤煮禽、肉的汤汁制作的汤。使用的汤汁时间越长，内含的营养成分越丰富，煮制出的肉食风味愈美。在冰箱普及的今天，家庭里也可以制作这种老汤。

任何老汤都是日积月累所得，而且都是从第一锅汤来的，家庭制作老汤也不例外。第一锅汤，即炖煮鸡、排骨或猪肉等的汤汁。除主料外，还应加花椒、胡椒、肉桂、砂仁、豆、丁香、陈皮、草果、小茴香、八角、桂皮、鲜姜、食盐、白糖等调料，以利于汤汁的保存。

将主料切小块洗净，放入锅内，加上调料，添上略多于正常量的清水。煮熟主料后，将肉食捞出食用，拣出调料，滗净杂质，所得汤汁即为"老汤"之"始祖"。

将汤盛于搪瓷缸内凉凉后放入冰箱保存。第二次炖鸡、肉或排骨时，将汤取出倒在锅中，放主料加上述调料，再添适量清水（水量依老汤的多少而定，但总量要略多于正常量）。

◎老汤的制作工序虽繁琐、讲究，制成的汤汁却味道鲜美。

炖熟主料后，依上述方法，留取汤汁即可。

如此反复，就可得到"老汤"了。这种老汤既可炖肉，亦可炖鸡，如此反复使用多次后，炖出的肉食味道极美，且炖鸡有肉香，炖肉有鸡味，妙不可言。

家庭煲的老汤则依人口数量多少而定，通常为500～1000克。

正确煲汤的要诀

如果既要使汤味鲜美，又要真正起到强身健体、防病治病的作用，那么汤的制作和饮用就一定要科学，做到以下"八要"。

◎ 选料要得当

选料得当是制好鲜汤的关键。用于制汤的原料一般为动物性原料，如鸡、鸭、猪瘦肉、猪肘子、猪骨、火腿、鱼类等，但必须鲜味足、异味小、血污少。肉类要先余一下，去了肉中残留的血水才能保证煲出的汤色正。鸡要整只煲，可保证煲好汤后鸡肉的肉质细腻不粗糙。肉类食品含有丰富的蛋白质、琥珀酸、氨基酸等，家禽肉食中有能溶解于水的含氮浸出物，包括肌凝蛋白质、肌酸等物质，它们是汤味鲜美的主要来源。

◎ 食品要新鲜

要选用鲜味足、无膻腥味的原料。新鲜并不是历来人们所讲究的"肉吃鲜杀、鱼吃跳"的鲜。现代意义上的鲜，是指鱼、

◎ 煲汤时，选用的食材一定要新鲜，才能得到更丰富的营养。

畜、禽死后3～5小时，此时鱼或肉的各种酶能使蛋白质、脂肪等分解为氨基酸、脂肪酸等人体易于吸收的物质，这样得到的食品不但营养最丰富，味道也最好。

◎ 炊具要选好

陈年瓦罐煨鲜汤的效果最佳。瓦罐是由不易传热的石英、长石、黏土等原料配合成的陶土，经过高温烧制而成。其通透性、吸附性好，还具有传热均匀、散热缓慢等特点。煨制鲜汤时，瓦罐能均衡而持久地把外界热能传递给内部原料。

◎ 用陈年瓦罐煨出来的汤滋味鲜醇，食品质地酥烂。

◎ 配水要合理

水既是鲜香食品的溶剂，又是食品传热的介质。水温的变化、用量的多少，对汤的营养和风味有着直接的影响。用水量一般是熬汤主要食品重量的3倍，而且要使食品与冷水共同受热。煲汤不宜用热水，如果一开始就往锅里倒热水或者开水，肉的表面突然受到高温，外层蛋白质就会马上凝固，使里层蛋白质不能充分溶

解到汤里。此外，如果煲汤的中途往锅里加凉水，蛋白质也不能充分溶解到汤里，汤的味道会受影响，不够鲜美，而且汤色也不够清澈。

◎ 搭配要合理

有些食物之间已有固定的搭配模式，营养素有互补作用，即餐桌上的"黄金搭配"。最值得一提的是海带炖肉汤，酸性食品猪肉与碱性食品海带的营养正好能互相配合，这是日本的长寿地区冲绳的"长寿食品"。为了使汤的口味比较纯正，一般不宜用太多品种的动物食品一起煲汤。

◎ 操作要精细

煲汤时不宜先放盐，因为盐具有渗透作用，会使原料中的水分排出，蛋白质凝固，鲜味不足。煲汤时温度要维持在85～100℃。如果在汤中加蔬菜应随放随吃，以免维生素C被破坏。汤中可以适量放入芝麻油、胡椒、姜、葱、蒜等调味品，但注意用量不宜太多，以免影响汤本来的鲜味。

◎ 在煲汤过程中，要非常注意调味品的用量，以免影响汤的鲜味。

◎ 火候要适当

一般说的煲汤，多指长时间熬煮的汤，此时火候就是它成功的唯一因素。诀窍在于大火煲开，小火煲透。这样才能把食品内的蛋白质浸出物等鲜香物质尽可能地溶解进来，使煲出的汤更加鲜醇味美。大火，即以汤中央"起菊花心"为度，每小时消耗水量约为20%。小火，即以汤微沸为准，耗水量约为每小时10%，这样才能使营养物质溶出得更多，而且汤色清澈、味道浓醇。

◎ 时间要恰当

饮食行业经常说的"三煲四炖"是指煲汤一般需要3个小时，炖汤需要4～6个小时。但是更多人认为，煲汤时间越长越好，这样食物的营养才能充分溶解到汤里。其实，对于一般肉类而言，煲1至1个半小时即可，但是鱼肉细嫩，只需煲到汤发白就可以了。

◎ 煲鱼汤的时间要掌握好，能保证肉质鲜嫩、汤色发白即可。

煲汤的选材有讲究

所谓"药补不如食补"，滋补的汤品已成为人们日常补身、强身的良好食品。煲汤的食材多种多样，只有搭配得宜，才能发挥强健体魄的作用。

◎**用来煲汤的食材极为丰富，分为五谷类、肉类、果蔬类这三大类**

① 五谷类：花生、黑豆、黄豆等。

② 肉类：牛、羊、猪、鸡、鸭、鱼等。

③ 果蔬类：苹果、木瓜、西红柿、胡萝卜、莲藕等。

◎可供煲汤的食材种类繁多，生活中较常见的就包括果蔬类食材。

不同食材有不同食疗效果，最好根据自身需要选择恰当的食材，先了解食材的性质才能达到合理的配膳：如果身体火气旺盛，就选择性甘凉的汤料；如果身体寒气过剩，那么就应选择性温热的汤料。

◎**从医学角度来看，煲汤的药料有寒热之分**

如，土茯苓煲龟属于养阴清热祛湿之品，其性偏凉，不适合虚寒体质的人服用。

又如，不少家庭用西洋参、鹿茸等煲汤，一家大小都饮用，若家庭成员均为成年人问题不大，因西洋参有补气生津之功，鹿茸可补肾、强筋健骨；但若家中有未成年人，尤其是幼儿则不适合，容易使人体的激素发生紊乱。

此外，在动物实验中发现，鹿茸有促进幼龄动物体重增长和子宫发育之功，若作为饮食常用，有促进儿童性早熟之虞。

故煲汤选用药材也要分清寒热、虚实，方能有助于身体健康：像山药、芡实、沙参、玉竹、桂圆肉、百合、石斛、枸杞、玉米须、红豆、罗汉果、甜杏仁，这几种煲汤药物都可以加入排骨、瘦肉或鱼，是煲老火汤常用的药材。

不少人喜欢用蔬菜煲汤，汤品既新鲜又有营养。其次，大部分新鲜蔬菜是碱性食物，通过消化道进入人体内，可使体液环境呈正常的弱碱性状态，有利于人体内的污染物或毒性物质重新溶解，随尿排出体外，尤其是海带、白萝卜、西洋菜、霸王花、菜干、莲藕和竹荪这七种蔬菜。

◎煲汤时，一些生活中较为常见的中药材也经常会被选用。

掌握食物四性五味，煲出健康营养汤

我们日常生活中所接触到的多种多样的食物，具备不同的属性，大致为"寒、凉、温、热"四大类，在中医医学理论上称之为"四性"；而所谓"五味"指的则是食物的酸、甘、辛、苦、咸。由于食物的属性不同，所以在食用时间上也是特别需要注意的。例如，性凉的食物在夏天可以经常食用，但在其他季节就需要搭配其他性温的食物一起食用。如果是性平的食物则四季都可以食用。

就日常煲汤来说，只有掌握食物的四性五味，才能煲出健康又营养的汤饮。

◎ 食物的四性

食物四性可分为寒性食物、凉性食物、温性食物和热性食物。食物的四性及其典型食物如下表所示：

食物的四性	典型食物
寒性	苦瓜、西瓜、冬瓜、香蕉、紫菜、海带、柿子、蟹等。
凉性	黄瓜、白萝卜、芹菜、茄子、绿豆、梨、豆腐、枇杷、菊花和鸭肉等。
温性	糯米、核桃、羊肉、虾、木瓜、荔枝、红枣、桂圆等。
热性	辣椒、胡椒、姜等。

寒凉食物的功效是清热泻火、解毒祛湿等；温热食物有祛寒、温中、补虚的养生保健功效。

◎ 食物的"五味"

传统医学理论认为"辛入肺、甘入脾、酸入肝、苦入心、咸入肾"，不论是食物本身的味道，还是佐料，都会对五脏起不同的作用。依据这种说法，我们能够得知，身体不同部位的疾病与食物五味也是相对应的。

食物的五味及其典型食物如下表所示：

食物的五味	典型食物
辛味	姜、大蒜、白萝卜、佛手、韭菜和酒等。
甘味	山药、冰糖、白糖、蜂蜜、红枣和葡萄等。
酸味	西红柿、山楂、醋、柠檬和橘子等。
苦味	苦瓜、白果、桃仁、茶叶和荷叶等。
咸味	盐、海产品、动物肾脏等。

五味食物的味道不同，功效各异，在煲汤的时候，应该全面衡量，依据不同的体质，然后结合食物的四性五味选择适合的食材和药材，才能制作出既有营养又味美的靓汤。

总之，只有全面掌握了食物的四性五味，才有助于我们煲出药食兼备的汤饮，达到味美好喝的同时，又能喝出营养、喝出健康的效果。

煲汤常用食材相关知识介绍

汤的鲜味成分主要来自食物中的核苷酸、氨基酸、鸟苷酸、酰胺、肽、有机酸等物质，而这些成分在动物性食材中含量较为丰富。常见的煲汤食材有猪肉、猪骨、猪蹄、牛肉、羊肉、鸡肉、鸭肉等。

◎ 猪肉

营养功效：猪肉含蛋白质、脂肪、碳水化合物、磷、钙、铁、维生素B_1、维生素B_2、烟酸等成分。猪肉性微寒，味苦，有小毒，入脾、肾经，有滋养脏腑、滋润肌肤、补中益气、滋阴养胃的功效。

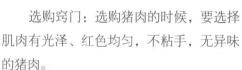

选购窍门：选购猪肉的时候，要选择肌肉有光泽、红色均匀，不粘手，无异味的猪肉。

煲汤技巧：煲猪肉汤最好用小火慢炖，这样炖出来的猪肉汤原汁原味，而且更富有营养。

◎ 猪骨

营养功效：猪骨含大量蛋白质、脂肪、维生素以及磷酸钙、骨胶原、骨黏蛋白等。猪骨有补脾、润肠胃、生津液、丰机体、泽皮肤、补中益气、补血健骨的功效。儿童常喝

骨头汤能及时补充生长发育所必需的骨胶原等物质，增强骨髓造血功能。

选购窍门：选猪骨要挑富有弹性，其肉呈红色的新鲜猪骨，煲骨头汤前一定要先将猪骨入沸水锅中汆去血水。

煲汤技巧：煲汤时，如果在汤内放点醋，可促进骨头中的蛋白质及钙、磷、铁等矿物质的溶解。此外，醋还可以防止食物中的维生素被破坏，使汤的营养价值更高，味道更鲜美。

◎ 猪蹄

营养功效：猪蹄含较多的脂肪和碳水化合物，并含有维生素A、维生素D、维生素E、维生素K及钙、磷、铁等。猪蹄具有补虚弱、填肾经等功效，对延缓衰老和促进儿童生长发育具有特殊作用，对老年人神经衰老等症也有良好的改善作用。

选购窍门：要选择肉色红润均匀、洁白有光泽、肉质紧密的新鲜猪蹄。

煲汤技巧：先用大火烧开，继续用大火烧20分钟，可以使汤色发白。

◎ 猪肚

营养功效：猪肚富含蛋白质、脂肪、维生素A、维生素E以及钙、钾、镁、铁等元素，具有补虚损、健

脾胃的功效。

选购窍门：选购时注意要挑黄白色的、手摸劲挺、黏液多、肚内无块和颗粒、弹性足的猪肚。

煲汤技巧：煲汤时加入适量生姜可以有效地去除腥味。

◎牛肉

营养功效：牛肉含蛋白质、脂肪、维生素B_1、维生素B_2、钙、磷、铁等营养成分，还含有多种特殊的成分，如肌醇、牛磺酸、氨基酸等。牛肉性温平，味甘，

无毒，有补中益气、滋养脾胃、强健筋骨、化痰熄风、止咳止涎之功效。

选购窍门：通常新鲜的牛肉有光泽，肌肉红色均匀，肉的表面微干或湿润，不粘手。

煲汤技巧：在煲汤时，将一小撮用纱布包好的茶叶同时放入锅内，与牛肉同煮，牛肉很快就能炖熟炖烂，并且不会影响牛肉的味道。或者在切好的牛肉块上涂干芥末，放置几小时后用冷水洗净再炖，牛肉也很容易熟烂。如果煮时再放一些酒或醋，会更快煮烂。

◎鸡肉

营养功效：鸡肉富含蛋白质、脂肪、碳水化合物、

维生素B_1、维生素B_2、烟酸、钙、磷、铁、钾、钠、氯、硫等营养成分，有温中益气、补精填髓、益五脏、补虚损的功效。冬季多喝些鸡汤可提高自身免疫力。

选购窍门：新鲜的鸡肉肉质紧密，颜色呈干净的粉红色且有光泽；鸡皮呈米色，并有光泽和张力，毛囊突出。

煲汤技巧：带皮的鸡肉含有较多的脂肪，所以较肥的鸡应该去掉鸡皮再烹制。鸡杀好后放5~6小时，待鸡肉表面产生一层光亮的薄膜再下锅煮，味道更美；先将水烧开，再放鸡肉，炖的汤更鲜；用盐腌渍过的鸡肉，冷水时放进锅炖口感更好。另外，鸡汤在食用前再放盐味道更鲜美。

◎乌鸡

营养功效：乌鸡含有人体不可缺少的赖氨酸、蛋氨酸和组氨酸，有相当高的滋补药用价值。乌鸡还富含具有极高滋补药用价值的黑色素，有滋阴、补肾、养血、添精、益肝、退

热、补虚作用，能调节人体免疫功能和抗衰老。

选购窍门：选购乌鸡时，以骨和肉都是黑色的为佳。

煲汤窍门：乌鸡连骨（砸碎）熬汤，滋补的效果最佳。炖煮时最好不要用高压锅，使用砂锅小火慢炖最好。

◎鸭肉

营养功效：

鸭肉富含蛋白质、B族维生素、维生素E以及铁、铜、锌等矿物质，具有养胃滋阴、清肺解热、大补虚劳、利水消肿的功效。

选购窍门：要选择新鲜、体表光滑的鸭肉。

煲汤窍门：炖鸭的时间须在2小时以上，因为这样汤料的味才能熬出来。此外，炖老鸭时，为了使老鸭熟烂得快，可将几只螺蛳一同入锅烹煮。

◎鸽子

营养功效：鸽子肉富含维生素A、维生素B_1、维生素B_2、维生素E及造血用的微量元素，具有补肾、益气、养血的功效。女性常食鸽肉，可调补气血、提高性欲。

选购窍门：优质鸽肉有光泽，脂肪洁白；劣质鸽肉肉色稍暗，脂肪无光泽。

煲汤技巧：鸽子肉入锅后，要改用小火慢慢炖至肉酥。此外，鸽子汤的味道非常鲜美，不必放太多调味料。

◎鲫鱼

营养功效：

鲫鱼富含蛋白质、脂肪、钙、磷、铁、锌等营养元素及多种维生素，可补阴血、通血脉、补体虚，还有益气健脾、利水消肿、清热解毒等功效。鲫鱼肉中富含极高的蛋白质，而且易于被人体所吸收，氨基酸含量也很高，所以对促进智力发育、降低胆固醇和血液黏稠度、预防心脑血管疾病有明显作用。

选购窍门：鲫鱼要买身体扁平、颜色偏白的，肉质会很嫩。新鲜的鲫鱼眼略凸，眼球黑白分明，眼面发亮。

煲汤技巧：鲫鱼收拾干净后，放入锅中煲至熟，火候要掌握好，且时间不宜太长，否则鱼肉太烂影响口感。此外，可在锅内滴入几滴鲜奶，不仅可令汤中鱼肉白嫩，而且汤的滋味更为鲜美。

◎甲鱼

营养功效：甲鱼含有丰富的蛋白质，而蛋白质中含有18种氨基酸，并含有一般食物中很少有的蛋氨酸。此外，甲鱼还含有磷、脂肪、碳水化合物等营养成分。甲鱼是滋阴补肾的佳品，

有滋阴壮阳、软坚散结、化瘀和延年益寿的功效。

选购窍门：好的活甲鱼动作敏捷，腹部有光泽，肌肉肥厚，裙边厚而向上翘，体外无伤病痕迹。

煲汤技巧：甲鱼煲汤前一定要在沸水中煮一下，以洗掉表面的一层膜，然后再入锅中加水大火炖至熟烂。

煲汤水量和材料分量的计算

怎么控制煲汤的水量和材料的分量，这是我们制作美味汤前必须知道的常识。

◎ 如何计算煮汤的水量

在家煲老火汤，基本水量可以用家中饮汤的人数，乘以每人所要喝的碗数计算出来。如：家中共4人，每人想喝两碗汤，共计8碗（每碗约220克），那么所需水量就是1760克。

依照预定煲煮时间，每小时再增加10%的水量（把煲煮时间中会蒸发掉的水量也加进去），如此就可计算出每次煲汤所需的总水量，煲出来的汤足够每人喝。例如：煮1小时的水量是1760克×1.1，煮2小时的水量是1760克×1.2，煮3小时的水

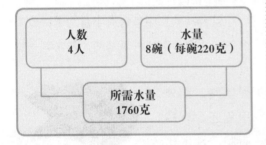

人数 4人		水量 8碗（每碗220克）
	所需水量 1760克	

量是1760克×1.3。

计算要诀：因为长时间煲煮会使水量越煮越少，所以要在基本水量之外再增加10%，避免中途加水破坏汤料的鲜美。

快手滚汤与羹汤，由于是利用短时间快煮，汤水不会很快蒸发掉，所以水量只要以喝汤人数的总用水量乘以0.8%即可。例如，家中有4人，每人喝两碗汤，共计8碗，每人用水约220克，总用水量为1760

克，因此煮汤所需的水量即是1760克乘以0.8%，约为1280克。如此加入材料快煮后，即可得到每人喝两碗量的汤。

隔水蒸炖的汤由于水分不会蒸发掉，因此直接以喝汤人数乘以每人碗数，总量1:1即可。例如，家中4人，每人喝两碗汤，共计8碗，每碗约220克，共计1760克。因此隔水炖汤的总水量即是1760克，炖出来的汤亦是每人两碗。

在基本原则不变的情况之下，唯一该注意的是煮汤材料对用水量也会稍有影响。如使用豆类、粮食类、干货或药材等容易吸水的材料，水不妨多加一点，而蔬菜类、瓜果类等含水量较多，容易出水，煮汤的水量可以少一点。

◎ 煲汤材料分量的计算

材料分量的拿捏，以每个人所需分量乘以食用总人数最为理想。其中，肉类、海鲜平均每人150克，蔬果、菜类平均每人200克，粮食类食材平均每人100克。

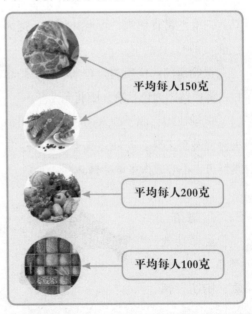

平均每人150克

平均每人200克

平均每人100克

家庭煲汤器具介绍

◎ 汤锅

汤锅是家中必备的煲汤器具之一，按照材质的不同，可以有不锈钢、陶瓷等多种，现在还有用电来煲汤的汤锅，如电压力锅等。煲汤时，在汤锅中放入食材，加入水之后，若要长时间使用汤锅，一定要盖上锅盖慢慢炖煮，这样可以避免过度散热。

◎ 漏勺

漏勺在煲汤过程中也是必不可少的，可用于食材的余水处理以及撇浮沫处理，多为铝制。煲汤时，可用漏勺取出余水的肉类食材，方便快捷。

◎ 滤网

滤网是制作高汤时必备的器具之一。在制作高汤的过程中，经常会出现一些油沫和残渣，这时，使用滤网便可以将这些细小的杂质滤出，同时也让汤品美味又美观。一般可在煲汤完成之后，用滤网滤去表面油沫和汤底残渣。有时，如果要先将食材捞出，也可以使用滤网。

◎ 汤勺

汤勺可用来舀取汤品，有不锈钢、塑料、陶瓷、木质等多种材质。煲汤时，可选用不锈钢材质的汤勺，这种勺耐用，易保存。塑料汤勺虽然轻巧隔热，但长期用于舀取过热的汤品，可能会产生有毒的化学物质，不建议长期使用。

◎ 瓦罐

地道的老火靓汤煲制时多选用质地细腻的砂锅瓦罐。其保温能力强，但不耐温差变化，主要用于小火慢熬。通常新买的瓦罐第一次应先用来煮粥，或是锅底抹油放置一天后再洗净煮一次水，经过这道开锅手续的瓦罐使用寿命会更长。

🍲 煲汤调味和时间的控制

在煲汤的时候，应该放何种调味料，何时放入才合适，这是我们在煲汤过程中会遇到的问题。煲汤的调味料虽然多，但是切记不可胡乱搭配。

就常用的调味料而言，不同口味的汤品有不同的调味料搭配法则。

在煲汤时，常说的"三煲四炖"是指煲汤一般需要3小时，炖汤需要4～6小时。研究证明，煲汤时间适度加长确实有助于营养物质的释放和吸收，但过长会对营养成分造成一定破坏。

一般来说，煲汤材料以含蛋白质较高的食物为主时，加热时间不宜过长，否则容易破坏氨基酸，营养反而降低。另外，食物中的维生素如果加热时间过长，也会有不同程度的损失，尤其是维生素C，遇热极易被破坏，煮20分钟后几乎所剩无几，所以也不适宜煮太久。

对于一般肉类来说，煲1～1.5小时就可以了。但鱼肉比较细嫩，煲汤时间不宜过长，只要烧到汤发白就可以了，再继续炖不但营养会被破坏，鱼肉也会变老、变粗，导致口味不佳。还有些人喜欢在汤里放人参等滋补药材，但由于人参类含有人参皂苷，煮得过久就会分解，失去补益价值。所以在这种情况下，煲汤的最佳时间是40分钟。最后，如果汤里要放蔬菜，须等汤煲好以后随放随吃，以减少维生素的损失。

不同口味的汤品	调味料放入的顺序
咸鲜味汤品	酱油、料酒、鸡精、盐依次放入。
鲜辣味汤品	葱末、虾油、辣酱、盐依次放入。
香辣味汤品	辣豆瓣酱、蒜蓉、葱末、姜末、酱油、盐、白糖、味精要依次放入。
五香味汤品	八角、桂皮、小茴香、花椒、白芷粉、盐、葱、姜依次放入。
酸辣味汤品	醋、红辣椒、胡椒粉、盐、芝麻油、葱、姜依次放入。
咖喱味汤品	姜黄粉、香菜、白胡椒、肉豆蔻、辣椒、丁香、月桂叶、姜末、盐、料酒依次放入。
甜酸味汤品	西红柿酱、白糖、醋、柠檬汁、盐、料酒、葱、姜依次放入。
葱椒味汤品	洋葱、大葱、红辣椒末、盐、鸡精、料酒、芝麻油依次放入。
麻辣味汤品	花椒、干辣椒、辣酱、熟芝麻、料酒、盐、味精依次放入。
酱香味汤品	豆豉、盐、鸡精、葱油、姜末、蒜末、黑胡椒依次放入。

2

早晚一碗汤，
轻松保健康

●餐桌上有碗热气腾腾的鲜汤，常使人垂涎欲滴，汤既能助人取暖，又能使人胃口大开。但是各类汤饮在原料选用、火候控制、熬煮时间等方面各有不同，早上喝的汤和晚上喝的汤也不尽一样。下面，我们将为大家介绍早晚常见汤饮的制作方法。

🍲 早上喝汤的好处

人体在经过一个晚上的新陈代谢后需要补充水分。因为经过一个晚上的睡眠，人体流失的水分约有450克，早上起来及时补充水分的话，可以促进大脑清醒，使这一天的思维清晰敏捷。

早餐前适量地喝汤，不仅可以补充昨晚流失的水分，而且还可以吸收营养物质，有助于身体的健康。

早餐作为一天当中很重要的一餐，饭前先喝几口汤，等于给消化道加点"润滑剂"，使食物能顺利下咽，防止干硬食物刺激消化道黏膜，有利于食物的稀释和搅拌，进而促进消化、吸收。

此外，在早餐前喝一碗汤，可以让人少吸收热能。如果早上您的食欲不好，不想吃太多的东西，那么，不妨将您喜欢的食材做成汤饮用，这样可以达到养生的效果。

🍲 哪些汤适宜早上喝

早上适当地喝一些汤，有开胃消食的作用，还可以补充一天所需的能量。那么哪些汤适宜早上喝呢？饭前喝哪些汤既能让我们身体吸收需要的营养物质，又能达到养生的效果呢？其实，不同的汤可以起到不同的保健作用，也可以根据个人喜好选择不同的食材来制作好喝的汤。

总体来说，早上我们可以喝一些甜汤、蔬菜汤、肉禽汤、水产汤等。

◎甜汤

甜汤味道甜美，材料选择多种多样，而且制作简单，早上可以很快地做出美味营养的甜汤。常见的甜汤食材有红豆、绿豆、花生、芝麻、银耳、红枣、核桃、梨等。比如，工作繁忙的职业女性可以在早上多喝一些用银耳、梨、红枣、莲子、核桃、百合、西红柿等润肺生津的食物煲的甜汤，既可以滋润皮肤，又可以起到美容的作用。

◎蔬菜汤

蔬菜汤食材包括白萝卜、苦瓜、山药、西红柿等。如白萝卜汤有消积化痰、消食利膈的作用。早上适当地喝一些白萝卜汤，对于消化能力较弱、胃中常有积滞素食以致食欲不振，或食后腹胀的老年人及儿童，有很好的作用。苦瓜汤中的苦瓜苷和苦味素能增进食欲，健脾开胃；所含的生物碱类物质奎宁，有利尿活血、消炎退热的功效，食用苦瓜汤还可以清胃中之火。山药汤具有健脾补肺、益胃补肾、

◎早上是补充能量的最佳时间，应该喝一些营养丰富的汤。

聪耳明目、助五脏、强筋骨、长志安神、延年益寿的功效，对于脾胃虚弱、倦怠无力、食欲不振、久泄久痢的患者可以促进胃功能的恢复。

◎ 肉禽汤

早上可以适当喝一些排骨汤，因为排骨汤中所含的类黏朊，可以促使骨髓生产细胞的功能得到加强，从而达到减缓衰老的目的；早上也可以适当喝一点鸡汤，因为鸡汤可以提高人体的免疫功能，防治感冒，还有补血养颜、美容护肤、抗衰老的功效，女性尤其适合喝鸡汤。

◎ 水产汤

早上适当喝一些水产汤，可以增强人体免疫力，提神健脑，使一天精力充沛，更容易投入紧张的工作中。如鱼汤，有增强免疫力和记忆力、养颜护肤、抗衰老的作用。在做鱼汤时可以适量放些枸杞、人参、黄芪、獐肉，能补正气，缓解疲劳，防病祛病。

晚上我们可以常喝清淡的汤

各种清淡的汤中含有大量碱性成分并溶于汤中，可使体内血液呈正常的弱碱性状态，并防止血液酸化，使沉积于细胞中的污染物或毒性物质重新溶解后随尿排出体外。

汤属于低热量食物，与固体食物相比汤的热量低很多，所以喝汤可使我们在获得同等饱感的前提下，不致摄入太多热量而引起肥胖。同时，对胃酸过多的人，晚上经常喝汤可以稀释胃酸，起到滋润胃肠、帮助消化的作用。

晚上喝汤应注意哪些问题

◎ 不能喝太烫的汤

人的口腔、食道、胃黏膜最高只能忍受60℃的温度，如果喝的汤超过这个温度则会造成黏膜损伤。虽然烫伤后人体有自行修复的功能，但反复损伤又反复修复极易导致上消化道黏膜的恶变。

◎ 喝汤的速度不能太快

晚上喝汤应该和吃饭的速度保持一致。慢慢地喝汤能给食物的消化与吸收留出充足的时间，等到我们感觉到饱了时，也就是吃得恰到好处的时候。如果喝汤速度太快，等你意识到饱的时候，也可能摄入的食物已经超过了我们身体所需要的量。

◎晚上喝汤应该慢慢地喝，给食物的消化与吸收留出充足的时间。

早上我们可以喝哪些汤

　　早上喝汤应是日常养生的一个重要步骤，也是一种健康的饮食方式。经过一夜的睡眠，人体水分损失较多，必须进补汤水才能达到身体平衡，因为汤可以吸收食材的营养。人们在早上喝汤不仅可以开胃，而且也容易消化，更容易吸收。

饮食指导▶	①在早餐前喝汤：早餐喝汤，最好在饭前20分钟左右进行，这样既能开胃，还能补充营养和流失的水分，让身体内的细胞重新焕发活力。 ②喝清淡的汤：适量地喝一些清淡的汤，对于暖胃、恢复精气神都是有好处的。如萝卜汤，可以起到通气、清除燥热、滋阴润肺的功效。 ③喝汤要适量：早上喝汤以胃部舒适为宜，不宜大量地喝汤，以免影响消化吸收。
煲汤食材▶	香菇、西红柿、胡萝卜、豆芽、豆腐、莲藕、芹菜、冬瓜、山药、土豆、苦瓜、百合、银耳、鸡肉、瘦猪肉、鱼肉、牛肉、鸭肉、兔肉等。

 粉丝白菜汤

● **材料**

火腿、白菜各50克，粉丝30克

● **调料**

盐、味精、酱油、芝麻油各适量

● **做法**

①将粉丝用清水洗净，泡发。

②火腿用清水洗净，切丝；白菜用清水洗净，切丝。

③油锅烧热，放入火腿稍翻炒一下，再注入清水烧开。

④加入白菜、粉丝同煮，调入盐、味精、酱油、芝麻油即可。

● **营养功效**

粉丝中所含的蛋白质、磷脂均有兴奋神经、增进食欲的功能；白菜有润肠的作用，可以促进消化吸收。此汤有养胃生津、利尿通便、清热解毒的功效。

白菜清汤

● 材料

白菜200克

● 调料

盐、味精、芝麻油各适量

● 做法

①将白菜用清水洗净，掰开成一瓣一瓣分开的状态。

②在锅中放入适量清水，再放入准备好的白菜，用小火煮10分钟左右。

③出锅时放入盐、味精调味。

④在调味之后，淋上芝麻油，即可出锅食用。

● 营养功效

白菜中含有的维生素C，可增加机体对感染的抵抗力，而且还可以起到很好的护肤养颜效果。早上食用白菜清汤，能起到润肠养颜的作用。

西红柿蛋花汤

● 材料

西红柿1个，鸡蛋1个

● 调料

盐4克，味精3克

● 做法

①将西红柿用清水洗净，再切成大小均匀的块状，备用。

②将鸡蛋打入碗中，均匀搅散。

③锅中加入适量清水，烧开后，先加入西红柿，再加入打好的蛋液，煮至熟透，最后调入盐、味精调味，即可出锅，装入碗中食用。

● 营养功效

西红柿能调整胃肠功能，有助胃肠疾病的康复；鸡蛋中的蛋白质对肝脏组织损伤有修复作用。此汤有健胃消食、润肠通便的作用，而且制作简单，尤其适宜早上食用。

 # 西红柿雪梨汤

● **材料**

西红柿250克，雪梨1个，芹菜50克，洋葱4个

● **调料**

盐15克，胡椒粉1克，葡萄酒15克，味精1克，葱花5克

● **做法**

①雪梨洗净去皮，切块；洋葱洗净切丝；西红柿洗净去皮，切块；芹菜洗净烫熟，切粒。

②油锅加热，下入洋葱丝、西红柿块炒软，倒入清水，再加雪梨煮开，中火煮沸5分钟，调入胡椒粉、盐、味精，淋入葡萄酒，撒入芹菜粒、葱花即可食用。

● **营养功效**

西红柿有降压、利尿、消肿作用；雪梨有润肺清燥、止咳化痰、养血生肌的作用。此汤有清热解毒、降脂降压的功效，尤其适宜高血压患者早上食用。

 # 西红柿豆腐汤

● **材料**

西红柿250克，豆腐2块

● **调料**

盐3克，鸡精2克，胡椒粉少许，葱花10克

● **做法**

①豆腐洗净切小块；西红柿洗净，去皮，切小块。

②锅置火上，油热，倒入豆腐和西红柿翻炒片刻，加水煮开。

③最后放入胡椒粉、盐、鸡精和葱花调味即可。

● **营养功效**

西红柿有增强食欲、促进消化的功效；豆腐有增加营养、帮助消化的作用。早上适宜食用此汤，有健脾益胃、补中益气的功效。

莲藕冬瓜红豆汤

● 材料

猪肉50克，红豆30克，冬瓜、莲藕各80克

● 调料

盐、味精、酱油各适量

● 做法

① 猪肉洗净剁成肉末；红豆洗净用清水浸泡；冬瓜洗净切丁。

② 莲藕洗净切丁。

③ 油锅烧热，入水烧开，放入红豆、莲藕、冬瓜同煮。

④ 加入肉末，煮至所有材料均熟，调入盐拌匀，起锅前放入味精、酱油拌匀即可。

● 营养功效

莲藕含有丰富的维生素C及矿物质，有增强记忆力的作用；冬瓜能防止体内脂肪堆积。此汤有提神健脑、排毒瘦身的功效，早上食用尤为适宜。

莲藕解暑汤

● 材料

莲藕150克，绿豆35克

● 调料

盐2克，葱花、枸杞各适量

● 做法

① 将莲藕去掉表皮，用清水洗净，切成等分小块。

② 将绿豆放入清水中浸泡后洗干净，再捞出沥干水分，备用。

③ 净锅上火，倒入适量清水，下入莲藕、绿豆、枸杞煲至熟，调入盐搅匀，撒上葱花，即可出锅食用。

● 营养功效

莲藕有养阴清热、润燥止渴、清心安神的作用；绿豆有清热解暑、清血利尿、明目降压的功效。此汤能起到清热解暑、清心安神的作用。

● 营养功效

香菇可增加人体新陈代谢；豆腐有增进食欲的作用。此汤有补中益气、调和脾胃的作用，而且制作简单，适宜早上食用。

 # 香菇豆腐汤

● 材料

鲜香菇100克，豆腐90克，水发竹笋20克

● 调料

清汤适量，盐4克，香芹末3克，辣椒末适量

● 做法

①将鲜香菇用清水洗净，切成片，备用。
②将豆腐用清水洗净，切成片，备用。
③将水发竹笋洗净，切成片，备用。
④净锅上火，倒入准备好的清汤，再调入盐调味，最后下入准备好的香菇、豆腐、水发竹笋煲至成熟，即可撒入香芹末、辣椒末，出锅食用。

● 营养功效

豆芽中含有丰富的天门冬氨酸，有利于消除疲劳；韭菜含有丰富的纤维，可以排除肠道内毒素，还可起到疏调肝气、增进食欲的作用。此汤有益肝健胃、清热解毒的功效。

 # 豆芽韭菜汤

● 材料

绿豆芽100克，韭菜30克

● 调料

盐少许、食用油适量

● 做法

①将绿豆芽用清水洗净。
②将韭菜用清水洗净，切成长度相同的小段，备用。
③净锅上火，倒入适量食用油，再下入准备好的绿豆芽煸炒，最后倒入适量清水，调入盐调味，煲至成熟，撒入韭菜，即可出锅。

蘑菇汤

● **材料**

蘑菇15克，香芹碎5克，牛奶适量

● **调料**

盐5克，黑胡椒粉少许，鲜奶油、黄油各适量

● **做法**

① 锅中放入清水，加入新鲜奶油，煮沸。

② 在煎锅中放一小块黄油翻炒均匀后，放入煮好的奶油汤中。

③ 将蘑菇用清水洗净，切成均匀小丁。

④ 将准备好的蘑菇放入加了黄油的奶油汤中，再撒入黑胡椒粉，煮约15分钟，调入盐调味。

⑤ 将煮好的汤起锅，撒些香芹碎即可。

● **营养功效**

蘑菇富含8种氨基酸、多种维生素和钙、铁等矿物质。此汤可以提高机体免疫功能，有益气开胃、增强体质的功效。

清鸡汤珍菌

● **材料**

松茸菌、羊肚菌、牛肝菌各20克，芦笋10克

● **调料**

清鸡汤200克，盐4克

● **做法**

① 将松茸菌、羊肚菌、牛肝菌分别用清水洗净。

② 将芦笋削皮，用清水洗净，切段。

③ 将以上处理好的菌类经开水过熟，芦笋烫熟待用。

④ 清鸡汤煮熟，再加入以上菌类及芦笋煮滚，放入少许盐即可。

● **营养功效**

松茸菌有强身、益肠胃、止痛、理气化痰的功效；羊肚菌有强健身体、预防感冒的功效；牛肝菌有养血和中、补虚提神等作用。此汤能强身健体、健脾和胃。

 # 土豆玉米牛肉汤

● 材料

熟牛肉200克，土豆100克，玉米棒65克

● 调料

精盐少许，鸡精3克，姜片2克，芝麻油2克，葱花3克

● 做法

①将牛肉用清水洗净，切成丁；玉米棒洗净切块。

②将土豆去皮洗净切块。

③炒锅上火倒入油，将姜煸香后倒入水，下入牛肉、土豆、玉米块煲至熟，调入精盐、鸡精，淋入芝麻油，撒葱花即可。

● 营养功效

玉米可以促进胆固醇的代谢，加速肠内毒素的排出；牛肉有增强免疫力作用。此汤有和胃健中、增强免疫力的功效。

 # 土豆玉米棒汤

● 材料

土豆100克，玉米棒65克，西红柿1个

● 调料

盐少许，鸡精3克，姜末2克，芝麻油2克

● 做法

①将土豆去皮，用清水洗净，切成大小均匀的块；西红柿洗净，切块。

②将玉米棒用清水洗净，切成大小均匀的块，备用。

③炒锅上火，注入适量食用油烧热，将姜煸香后倒入水，下入土豆、玉米块煲至将熟，放入西红柿块煮熟，调入盐、鸡精，淋入芝麻油即可。

● 营养功效

土豆可改善人体的精神状态；玉米可增强人体新陈代谢，调整神经系统功能。此汤能起到和胃调中、益气强身的功效，早上食用尤为适宜。

豆芽火腿汤

- ● 材料

火腿80克，绿豆芽80克，黑木耳适量

- ● 调料

盐、味精、芝麻油各适量

- ● 做法

①将火腿用清水洗净，切丝。
②将绿豆芽去头尾，用清水洗净。
③将黑木耳放入清水中泡发，再捞出，用清水洗净，切丝。
④油锅烧热，放火腿、绿豆芽、黑木耳同炒片刻，再注入清水烧开。
⑤调入盐、味精拌匀。
⑥起锅后淋入适当的芝麻油即可装碗。

- ● 营养功效

豆芽中含丰富的不溶性食物纤维；火腿有养胃生津、益肾壮阳的作用。而且豆芽与火腿合用，食用后可增强免疫力。

日式冬笋汤

- ● 材料

日本豆腐125克，冬笋3根

- ● 调料

盐4克，香菜末2克，红椒丝适量

- ● 做法

①将日本豆腐用清水洗净，切成厚度相同的小块。
②将冬笋用清水洗净，撕成大小均匀的小片，备用。
③净锅上火，倒入适量清水，再下入日本豆腐、冬笋煲至熟，调入盐，最后撒入香菜末、红椒丝，即可出锅食用。

- ● 营养功效

冬笋能促进肠道蠕动，有助于消化；豆腐中含有大豆蛋白，可降低血浆胆固醇、甘油三酯和低密度脂蛋白。而且此汤制作时间短，方便早上制作食用。

● 营养功效

金针菇能有效促进体内新陈代谢，有利于营养素吸收；滑子菇可使人保持精力和脑力。此汤清淡且营养丰富，早上食用可促进人体新陈代谢。

 # 什锦汤

● 材料

金针菇、滑子菇、油菜、胡萝卜各适量

● 调料

盐2克

● 做法

①金针菇去根，用清水洗净。
②将油菜用清水洗净，再对切。
③将胡萝卜用清水洗净，切成大小均匀的块，备用。
④将滑子菇用清水洗净。
⑤油锅烧热，放入滑子菇、胡萝卜煸炒均匀，八分熟时，加入清水烧开，放入金针菇，烧开后放入油菜，待熟加盐调味。

● 营养功效

芥菜有提神醒脑的作用；猪肉有补中益气、滋阴养胃之功效。早上食用此汤可补中益气、提神健脑。

 # 鲜蔬连锅汤

● 材料

猪肉300克，芥菜100克

● 调料

葱20克，姜15克，花椒粒5克，盐4克，酱油10克，芝麻油适量

● 做法

①猪肉用清水洗净，切片。
②将葱用清水洗净，切段。
③将姜洗净切片；芥菜洗净切段。
④猪肉入油锅炒香，加水、花椒粒、葱段、姜片，小火煮半小时。
⑤调入盐、芥菜及剩余调味料，煮至入味即可。

白萝卜汤

● **材料**

猪尾骨400克，白萝卜、玉米棒各适量

● **调料**

盐3克，葱花适量

● **做法**

①将猪尾骨用清水洗净，斩件，以滚水氽烫，捞出沥干水分。

②锅中加清水煮滚，下入洗净猪尾骨煮约15分钟。

③将白萝卜、玉米均用清水洗净，切成大小均匀的块，再一同放入锅中，续煮至熟，加盐调味，撒入葱花即可。

● **营养功效**

白萝卜有促进消化、增强食欲作用。此汤适合早上食用，可健脾和胃、清热生津。

上汤美味绣球

● **材料**

猪肉200克，胡萝卜、鸡蛋、香菇各50克，西蓝花、豆腐各100克，剥壳皮蛋30克

● **调料**

盐4克，高汤600克

● **做法**

①猪肉洗净剁末；胡萝卜洗净去皮切丝；鸡蛋打散煎蛋皮后切丝；香菇、西蓝花、豆腐、皮蛋均洗净切块。

②猪肉揉成肉丸，裹上胡萝卜丝和蛋皮丝；除皮蛋外，其余原料入高汤煮熟。

③加盐调味，倒入皮蛋，即可出锅。

● **营养功效**

胡萝卜有健脾、化滞的功效；猪肉有补中益气、滋阴养胃之功效。此汤早上食用可健脾养胃、提神健脑。

营养功效

猪肉有强身健体、清解热毒的功效；虾有美容养颜、补充钙质的功效。此汤美味又有营养，尤其适合早上食用。

奶汤西施

● 材料

猪肉馅100克，虾皮100克，面皮、生菜各适量

● 调料

料酒、芝麻油、鸡精、牛奶、盐各适量

● 做法

① 将猪肉馅及洗好的虾皮、盐、料酒、芝麻油拌匀，用面皮包成馄饨。
② 碗中放入盐、牛奶、芝麻油，调好味。
③ 锅内注水烧开，将馄饨分开放入，微煮3分钟。
④ 将馄饨和汤倒入碗中，再将洗净的生菜焯水装碗即可。

营养功效

红枣有补血养颜的功效；萝卜可促进胃肠蠕动，有助体内废物的排出。早上食用此汤可开胃消食。

麦枣甘草萝卜汤

● 材料

小麦100克，白萝卜15克，排骨250克，甘草15克，红枣10颗

● 调料

盐2小匙

● 做法

① 将小麦放入清水中泡发后洗净，备用。
② 将排骨洗净，剁块，氽烫后捞出沥干水分。
③ 将白萝卜用清水洗净，切块。
④ 将红枣、甘草分别用清水冲净。
⑤ 将所有材料盛入煮锅，加8碗水煮沸，转小火炖约40分钟，加盐即成。

银耳莲子冰糖饮

● 材料

水发银耳150克，水发莲子30克，水发百合25克

● 调料

冰糖、香菜段各适量

● 做法

①将水发银耳放入清水中择洗干净，再撕成大小均匀的小朵，备用。

②将水发莲子、水发百合分别用清水洗净，备用。

③净锅上火，倒入适量纯净水，再调入冰糖，下入准备好的水发银耳、莲子、百合煲至熟，撒上香菜段出锅即可。

● 营养功效

银耳营养丰富，可增强人体免疫力，美容养颜；莲子有健脑、增强记忆力、提高工作效率的功效。此汤适宜早上食用，可提神醒脑。

 # 蜜橘银耳汤

● 材料

银耳20克，蜜橘200克

● 调料

白糖150克，水淀粉适量

● 做法

①将银耳放入清水中泡发后，放入碗内，放入蒸笼里蒸1小时后取出。

②将蜜橘剥皮，去筋，瓣开备用。

③将汤锅置旺火上，加入适量清水，将准备好的银耳放入汤锅内，再放蜜橘肉、白糖煮沸。

④用水淀粉勾芡，见汤开时，盛入汤碗内即成。

● 营养功效

蜜橘有美容和消除疲劳的作用；银耳有开胃消食的功效。此汤可开胃消食、消除疲劳，早上食用尤为适宜。

 # 鲜荷双瓜汤

● **材料**

荷叶半张，西瓜1/4个，丝瓜100克，薏米50克

● **调料**

生姜1片，盐少许

● **做法**

①荷叶用清水洗净，切块。
②将西瓜用清水洗净，取肉切成粒，再将瓜皮用清水洗净，切块。
③丝瓜削净切块；薏米洗净浸泡。
④煲内加水和瓜皮、薏米、生姜，大火煲沸，改中火煲1小时，入丝瓜煲至米软瓜熟，去瓜皮，入荷叶和瓜肉，烧开，调入盐即可。

● **营养功效**

荷叶有清热降火、调解内分泌的功效；丝瓜有健脑护肤的功效。此汤有清凉利尿、通经排毒的作用，适宜在早上食用。

 # 红枣花生甜汤

● **材料**

干红枣50克，花生米100克

● **调料**

红糖50克

● **做法**

①花生米用清水洗净，放入开水中略煮一下后放冷，去皮。
②将红枣放入清水中泡发。
③将花生米和红枣一同放入锅中。
④往锅中再加入适量冷水，用小火煮半小时左右。
⑤加入红糖，待糖溶化后，收汁即可。

● **营养功效**

红枣有保护肝脏、美容养颜的功效；花生能增强记忆力、滋润皮肤。早上食用此汤有益智健脑的功效。

冰糖湘莲甜汤

● 材料

湘白莲200克，枸杞、红枣、桂圆肉各25克

● 调料

冰糖适量

● 做法

①莲子浸泡1小时后去心，放入碗内加温水，上蒸锅蒸至软烂。

②将桂圆肉用清水洗净，泡5分钟。

③将枸杞、红枣分别用清水洗净。

④炖锅置中火上，放入清水，加入莲子、枸杞、桂圆肉、红枣炖30分钟后，转小火；加入冰糖，炖至莲子浮起即可。

● 营养功效

冰糖能补充体内水分和糖分；莲子有益心补肾、健脾止泻的作用。早上食用此汤营养丰富，口感甚佳。

绿豆薏米汤

● 材料

薏米、绿豆各80克

● 调料

蜂蜜10克

● 做法

①将绿豆用清水洗净。

②将薏米用清水洗净。

③将准备好的材料全部放入锅内，加入适量清水，用小火炖至熟，再焖数分钟。

④待稍凉后，调入蜂蜜调味，即可出锅，装碗食用。

● 营养功效

绿豆有调和五脏、补元气的功效；薏米可促进体内血液和水分的新陈代谢。此汤制作简易，且有清热解毒、美容养颜的功效。

☀ 百合炖雪梨

● **材料**

雪梨1个，百合50克，枸杞少许

● **调料**

白糖少许

● **做法**

①将雪梨用清水洗净，去掉表皮，挖去中间的核。

②将枸杞用清水洗净。

③将百合用清水洗净，放入到雪梨的心中间，再撒上少许白糖。

④往雪梨中放入枸杞，再放在锅中炖煮15分钟即可。

● **营养功效**

百合能提高机体免疫力；雪梨具有生津润燥、清热解毒的功效。此汤有清肺润燥、增强体质的功效，早上食用尤为适宜。

话梅姜汤

● **材料**

话梅50克，姜30克

● **调料**

冰糖8克

● **做法**

①将话梅用清水洗净，切成两半。

②将姜去掉皮，再用清水洗净，切成等厚的片。

③净锅上火，倒入适量清水，再下入话梅、姜煲一下，调入冰糖煲25分钟，即可出锅，盛入碗中食用。

● **营养功效**

话梅有健胃温脾、生津止渴的功效；生姜有助消化的作用。此汤制作简易，且有健脾益胃的功效，适宜早上食用。

杨梅桂花汤

● **材料**

杨梅100克，桂花50克

● **调料**

白糖少许

● **做法**

①将杨梅用清水洗净，备用。
②将锅中上火，倒入适量清水，再将已用清水洗净且准备好的杨梅、桂花一起倒入，煮沸。
③在锅中加入少许白糖，搅拌均匀，最后盛出待凉即可。

● **营养功效**

杨梅有生津止渴、和胃止呕的功效；桂花有温中散寒、暖胃止痛的功效。早上食用此汤有和胃健中、生津止渴的作用。

 # 杨梅双仁汤

● **材料**

鲜杨梅150克，核桃仁100克，杏仁50克

● **调料**

盐适量

● **做法**

①将杨梅用清水洗净，去掉蒂。
②将核桃仁和杏仁分别略用清水冲洗一下，备用。
③将以上准备好的所有材料一起放入砂锅中，加入适量水，用大火煮开，再转小火煲10分钟，加盐即可。

● **营养功效**

杨梅有开胃生津、排毒瘦身的功效；核桃仁有补充脑力、健脑益智的功效。此汤有生津止渴、健脑益智的作用，适宜早上食用。

 # 木瓜西米汤

● 材料

木瓜200克，胡萝卜45克，西米30克

● 调料

盐少许，白糖2克

● 做法

① 将木瓜去皮、去瓤用清水洗干净，再切成均匀的正方形丁。
② 将胡萝卜用清水洗净，切成大小均匀的正方形丁。
③ 将西米放入清水中淘洗干净，备用。
④ 净锅上火倒入水，下入准备好的木瓜、胡萝卜、西米煲熟，再放入盐、白糖调味即可。

● 营养功效

木瓜有助消化、消暑解渴、润肺止咳的功效；西米有健脾、护肤的功效。此汤有健脾和胃、抗衰老的作用，适宜早上食用。

 # 酸甜木瓜汤

● 材料

木瓜200克

● 调料

酸奶适量，白糖4克，红椒丝、香菜段各适量

● 做法

① 将木瓜用清水洗净，去掉瓜皮，去掉瓜籽，切成细丝，备用。
② 净锅上火，倒入适量清水，再调入白糖，下入木瓜煮至烧开。
③ 往锅中调入酸奶搅拌均匀，撒入红椒丝、香菜段即可出锅，盛入碗中食用。

● 营养功效

木瓜有助消化，预防便秘及消化系统癌变的功效。此汤酸酸甜甜，可开胃消食，早上食用尤为适宜。

灵芝山药杜仲汤

● 材料

香菇2朵，鸡腿1个，灵芝3片，杜仲5克，红枣6颗，丹参、山药各20克

● 调料

盐适量

● 做法

① 鸡腿洗净，入开水中汆烫。
② 香菇泡发洗净；灵芝、杜仲、丹参均洗净浮尘；红枣去核洗净；山药洗净去皮切块。
③ 向炖锅中放入八分满的水，烧开后，将所有材料入锅煮沸，转小火炖约1小时，加盐调味即可。

● **营养功效**

灵芝能有效抗病、防衰老；山药能增强免疫力、益心安神。此汤有增强体质、降脂降糖、补益肝肾的功效，适宜早上食用。

 # 包菜果香肉汤

● 材料

包菜210克，苹果175克，猪肉30克

● 调料

盐5克，白糖2克

● 做法

① 将包菜用清水洗干净，切成等分小块。
② 将苹果用清水洗净，切成小块。
③ 将猪肉用清水洗净，切成等分的小块，备用。
④ 汤锅上火倒入水，再下入准备好的包菜、苹果、猪肉，煲至熟，加盐、白糖调味即可。

● **营养功效**

包菜有抗氧化、抗衰老的作用；苹果有消除疲劳、增强记忆力的功效。此汤有补中益气、消除疲劳之功，适宜早上食用。

● **营养功效**

山药有增强人体免疫力、益心安神的作用；猪排富含磷酸钙、骨胶原、骨黏蛋白，可以补充人体需要的钙质。早上食用此汤可增强体质。

 # 山药猪排汤

● **材料**

猪排骨200克，山药50克，白芍6克

● **调料**

精盐4克，香菜段、枸杞各适量

● **做法**

①将猪排骨斩块，用清水洗净后汆水，再捞出沥干水分。
②将山药用清水洗净，去掉皮，切片。
③将白芍、枸杞洗净浸泡。
④净锅上火入油，下入猪排骨煸炒，再下入山药同炒1分钟，倒入水，调入精盐烧沸，下入白芍小火煲至熟，起锅撒上香菜段、枸杞即可。

● **营养功效**

牛肉有增强免疫力、促进新陈代谢的作用。此汤有健脾益胃、增强体质的功效，适宜早上食用。

 # 胡萝卜牛肉汤

● **材料**

牛肉175克，西红柿1个，胡萝卜20克

● **调料**

高汤适量，盐4克，香菜末3克，芝麻油2克

● **做法**

①将牛肉用清水洗净，切成块后汆水，再捞出沥干水分。
②胡萝卜用清水洗净，去皮，切成块。
③将西红柿用清水洗净，切块备用。
④净锅上火倒入高汤，下入牛肉、胡萝卜、西红柿煲至熟，调入盐，撒入香菜末，淋入芝麻油即可。

菊花羊肝汤

● 材料

鲜羊肝200克，菊花50克

● 调料

生姜片、葱花各5克，盐2克，料酒10克，
胡椒粉、味精各1克，蛋清淀粉15克

● 做法

①将鲜羊肝收拾干净，切片；菊花洗净
浸泡。
②羊肝片入沸水中稍余一下，用盐、料
酒、蛋清淀粉浆好。
③锅内加油烧热，下姜片煸出香味，注
水，加入羊肝片、胡椒粉、料酒煮至汤
沸，下菊花、味精、盐、葱花即可。

● **营养功效**

菊花有散风清热、平肝明目的功效；羊肝能
促进代谢。此汤有养肝明目、益气养血的功
效，早上食用尤为适宜。

 # 清炖草鸡汤

● 材料

鸡500克，枸杞5克，白菜10克

● 调料

盐、鸡精各适量

● 做法

①将鸡收拾干净，烫去血水。
②将枸杞浸泡一段时间。
③将白菜用清水洗净。
④将鸡下入砂锅，用大火熬煮一个小时
左右。
⑤将熟时放入枸杞、盐和鸡精用小火熬煮
一下，起锅后放入白菜即可。

● **营养功效**

草鸡有增强体力、温中益气、健脾益胃的作
用；白菜有增强免疫力的作用。此汤有和胃
健中、增强体质的功效，适宜早上食用。

莲子百合煲老鸭汤

- **材料**　老鸭300克，莲子、百合、南杏各适量
- **调料**　盐4克，鸡精3克

- **做法**

①老鸭收拾干净，切块，氽水；莲子洗净，去心；百合、南杏洗净，浸泡。

②锅中注入适量水，烧沸后放入老鸭肉、莲子、百合、南杏，以小火慢炖2小时。

③关火，调入盐、鸡精拌匀，即可食用。

黄芪山药鱼汤

- **材料**　石斑鱼1尾，黄芪15克，山药15克
- **调料**　姜1片，葱1根，盐4克，米酒10克

- **做法**

①石斑鱼收拾干净，划几刀；葱洗净切丝。

②黄芪、山药洗净，入锅加4碗水大火煮开，转小火熬高汤，约15分钟后，转中火，放入姜片和石斑鱼，煮约10分钟，待鱼熟，加盐、米酒调味，撒上葱丝。

胡萝卜鱼片汤

- **材料**　草鱼肉175克，胡萝卜75克
- **调料**　高汤适量，盐5克，葱花2克
- **做法**

①将草鱼肉用清水洗净，切成片；将胡萝卜去皮，用清水洗净，切片，备用。

②净锅上火，倒入准备好的高汤，下入草鱼肉、胡萝卜煲至熟，调入盐，撒入葱花即可。

冬瓜鲫鱼汤

● **材料** 鲫鱼1条，冬瓜100克
● **调料** 盐、胡椒粉、芝麻油、味精、葱末、姜片、枸杞各适量

● **做法**

① 鲫鱼收拾干净；冬瓜去皮洗净，切片备用。

② 起油锅，将葱、姜炝香，下入冬瓜炒至断生，倒入水，下入鲫鱼、枸杞煮至熟，调入盐、味精，再调入胡椒粉，淋入芝麻油即可。

冬瓜生鱼汤

● **材料** 冬瓜200克，生鱼150克，红豆、蜜枣各适量
● **调料** 盐少许，香菜10克

● **做法**

① 冬瓜洗净，去皮切块；生鱼收拾干净，切长段；红豆、蜜枣分别洗净，泡软。

② 将生鱼略烫，捞出后用温水洗净。

③ 汤锅中加水烧沸，下入冬瓜、生鱼、红豆、蜜枣煲熟，调入盐，撒上香菜。

奶汤生鱼汤

● **材料** 生鱼肉200克，白菜叶120克，鲜奶适量
● **调料** 盐4克，鸡精4克，香菜段适量

● **做法**

① 将生鱼肉用清水洗净，切成薄片；将白菜叶用清水洗净。

② 锅上火倒入鲜奶，下入鱼片、白菜叶煲至熟，调入盐、鸡精即可。

晚上我们可以喝哪些汤

人们常说"早餐像贵族，午餐像平民，晚餐像乞丐"，尽管如此，在忙碌了一天之后，很多人还是选择在下班以后，用一锅热气腾腾的美味鲜汤犒劳自己。而且晚上喝汤可以让胃部充盈，减少主食的纳入，从而避免摄入过多热量。

饮食指导 ▶	①不要喝太油腻的汤：由于晚上运动量减少，因此晚上喝汤，应该以清淡为主，这样更有利于身体吸收营养。 ②不要过量喝汤：晚餐不宜喝太多的汤，否则快速吸收的营养堆积在体内，很容易导致体重增加。 ③喝汤速度不宜太快：喝汤速度要适宜，只有这样才能给食物的消化吸收留出充足的时间，有利于人体的消化与吸收。
煲汤食材 ▶	娃娃菜、冬瓜、丝瓜、萝卜、西红柿、紫菜、海带、魔芋、绿豆芽、黄豆芽、莲藕、香菇、鸡肉、鸭肉、鱼肉、兔肉、百合、莲子、银耳。

● **营养功效**

娃娃菜有利尿消肿、促进消化的作用；枸杞有养血理气的作用。此汤能起到健脾和胃、利尿消肿、益气补血的功效，晚上食用尤为适宜。

 # 高汤娃娃菜

● 材料

娃娃菜200克，枸杞10克

● 调料

精盐少许，高汤、牛奶各适量，葱丝3克，芝麻油2克

● 做法

①将娃娃菜用清水洗净，切成大小均匀的条状，备用。

②将枸杞用清水洗净。

③净锅上火倒入油，将葱炝香，倒入高汤和牛奶，下入娃娃菜、枸杞煲至熟，调入精盐，淋入芝麻油即可。

香菇豆腐白菜汤

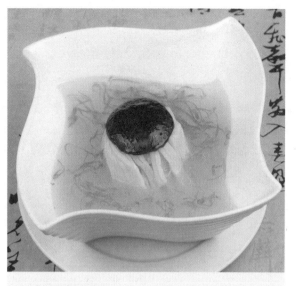

● 材料

香菇10克，豆腐30克，大白菜10克

● 调料

盐、味精、芝麻油各少许

● 做法

① 豆腐用清水洗净，切成细丝。

② 将白菜用清水洗净，切成细丝。

③ 将香菇用清水洗净。

④ 将水煮开，加入切好的豆腐、白菜和香菇，炖煮一会儿。

⑤ 起锅时放入少许芝麻油、盐和味精，即可食用。

● **营养功效** ·······

香菇有补肝肾、健脾胃、美容养颜的功效；豆腐能促进肠壁蠕动，增强抗病能力。此汤有补益脾胃、降低胆固醇、增强体质的功效，适宜晚上食用。

 # 泡菜黄豆芽汤

● 材料

豆腐200克，黄豆芽200克，泡菜100克

● 调料

盐适量

● 做法

① 豆腐用清水洗净，切成块。

② 将黄豆芽用清水洗净。

③ 锅中倒入适量清水，用火加热，再下入豆腐和黄豆芽煮熟。

④ 再加入泡菜稍煮，下盐调好味，即可出锅食用。

● **营养功效** ·······

泡菜有助消化、防便秘、防老化的功效；黄豆芽能消除疲劳。此汤有健脾益胃、养心安神、防癌抗癌的功效，适宜晚上食用。

 # 浓汤煮三丝

● 材料

白萝卜、豆皮、火腿各100克，虾仁10克

● 调料

盐、味精、淀粉各适量

● 做法

①白萝卜去皮，用清水洗净，切丝。
②将豆皮用清水洗净，切成丝。
③将火腿切成细丝。
④将准备好的萝卜丝、豆皮丝、火腿丝一起放入锅中，加入洗好的虾仁炖煮30分钟。
⑤起锅前放入盐、味精，淀粉勾芡即可。

● 营养功效 ·········

白萝卜能降低胆固醇，有利于维持血管弹性；火腿有养胃生津、益肾壮阳的功效。此汤有养胃生津、降低胆固醇的作用，适宜晚上食用。

 # 红枣当归蛋汤

● 材料

去核红枣、桂圆肉各50克，当归片10克，鸡蛋1个

● 调料

红糖适量

● 做法

①取碗，放入红枣、桂圆肉、当归，用清水泡发，然后洗净。
②锅中加入适量清水，烧开，再放入鸡蛋，煮熟。
③将熟鸡蛋剥去壳后同余下食材一起入锅炖煮。
④10分钟后，加入红糖调味即可。

● 营养功效 ·········

红枣有补中益气、养血安神的功效；鸡蛋有清热消炎、保护黏膜的作用。此汤有养血益气、健脾和中的功效，适宜晚上食用。

芋头米粉汤

● **材料**

湿米粉80克，芋头、虾皮、芹菜少许

● **调料**

高汤适量，盐4克，葱花5克

● **做法**

① 芋头去皮，用清水洗净，切丁。

② 将芹菜用清水洗净，去掉残叶，切成末，备用。

③ 将虾皮洗好。

④ 热锅后开大火，将油放入，待油热后，爆香葱、虾皮，爆香后即可加入水、高汤、芋头，待芋头煮至软后，再放入米粉一同煮至熟。

⑤ 加盐调味，最后撒上芹菜末即可。

● **营养功效**

芋头有止泻作用，能增强免疫力；米粉有健脾养胃、补血益气的功效。此汤有补中益气、健胃和中、强身健体的作用，晚上食用尤为适宜。

荠菜四宝鲜

● **材料**

荠菜、鸡蛋、虾仁、鸡丁、草菇各适量

● **调料**

盐10克，鸡精、淀粉各5克，黄酒3克

● **做法**

① 鸡蛋打散，蒸成水蛋。

② 将荠菜、草菇分别用清水洗净，切成大小均匀的丁。

③ 虾仁洗净，与鸡丁用盐、鸡精、黄酒、淀粉上浆后，入四成热油中滑锅备用。

④ 锅中加入清水、虾仁、鸡丁、草菇丁、荠菜烧沸后，用剩余调料调味，勾芡浇在蛋上。

● **营养功效**

荠菜能促进排泄、增加新陈代谢；虾能很好地保护心血管，防止动脉硬化。此汤能起到补中益气、促进新陈代谢的功效，适宜晚上食用。

● 营养功效

松茸有强健肠胃、益气化痰的功效；小白菜有增强免疫力的作用。此汤有益肠健胃、强身健体的功效，适宜晚上食用。

 # 清汤松茸

● **材料**

松茸150克，小白菜5克，枸杞3克

● **调料**

鸡汤200克，葱、蒜、盐、白胡椒各适量

● **做法**

①松茸去蒂，去皮，用清水洗净，再切成薄片。
②将小白菜用清水洗净，掰开。
③将葱、蒜用清水洗净，切丁。
④将枸杞用清水洗净，泡发。
⑤上锅热油，下入葱、蒜、松茸炒1分钟，加入鸡汤，盖上盖煮25分钟。
⑥弃掉蒜和葱，用盐和白胡椒调味即可。

● 营养功效

菊花有平肝明目、散风清热、消咳止痛的功效；枸杞有养肝、滋肾、润肺的作用。此汤有养肝明目、健脾和胃的功效，晚上食用尤为适宜。

 # 菊花枸杞绿豆汤

● **材料**

绿豆120克，枸杞10克，干菊花8克

● **调料**

高汤适量，红糖8克

● **做法**

①将绿豆放入清水中淘洗干净。
②将枸杞、干菊花分别用温水洗净后捞出，备用。
③净锅上火，倒入准备好的高汤，烧开，再下入绿豆煮至快熟时，下入准备好的枸杞、干菊花煲至熟透，最后调入红糖搅匀即可。

莴笋丸子汤

● 材料

猪肉500克，莴笋300克

● 调料

盐3克，淀粉10克，芝麻油5克

● 做法

①猪肉用清水洗净，剁成泥状。

②将莴笋去掉皮，用清水洗净，切成细丝，备用。

③猪肉加淀粉、盐搅匀，捏成肉丸子。

④锅中注入清水，烧开，放入莴笋、肉丸子煮滚。

⑤加入盐调味，煮至肉丸浮起，淋上芝麻油即可。

● 营养功效

莴笋有利于调节体内盐的平衡；猪肉有补中益气的功效。此汤有益胃和中、强身健体的功效，适宜晚上食用。

 # 双丸青菜汤

● 材料

草鱼肉丸、羊肉丸各150克，青菜50克

● 调料

清汤适量，盐少许

● 做法

①将鱼肉丸、羊肉丸分别放入清水中稍洗后捞出，备用。

②将青菜用清水洗净，备用。

③净锅上火，倒入准备好的清汤，下入鱼肉丸、羊肉丸，煲至熟。

④往锅中撒入青菜，再加入盐调味，即可出锅食用。

● 营养功效

草鱼有抗衰老、养颜的功效；羊肉有益气补虚、温中暖下的作用。此汤有补中益气、延缓衰老的功效，适宜晚上食用。

 # 补脑汤

● **材料**

猪脑100克，山药15克，枸杞5克

● **调料**

米酒、盐各适量

● **做法**

①猪脑收拾干净，入沸水中汆去腥味，备用。

②山药、枸杞洗净，山药去皮、切片泡水，备用。

③炖盅内加水、米酒、猪脑、枸杞及山药，放入电饭锅内，加水半杯，煮至开关跳起。

④加盐调味即可。

● **营养功效**

猪脑有补骨髓、益虚劳、滋肾补脑的功效；山药有增强免疫力、益心安神、延缓衰老的功效。此汤有强身健体、抗衰老的作用，适宜晚上食用。

 # 罗宋汤

● **材料**

洋葱5克，猪肉、西红柿、土豆各适量

● **调料**

高汤适量，盐适量，番茄酱8克

● **做法**

①洋葱剥皮，用清水洗净，切丁。

②将西红柿用清水洗净，切丁。

③将猪肉用清水洗净，切丁。

④将土豆去皮，用清水洗净，切丁。

⑤将高汤放入锅中，开中火，待滚后放入猪肉、洋葱、西红柿丁及土豆丁，煮至软烂，汤变稠后，加入番茄酱、盐，即可出锅食用。

● **营养功效**

洋葱能调节神经系统、增强记忆力；猪肉有滑润肌肤、补中益气、滋阴养胃的功效。此汤有健脾益胃、促进人体新陈代谢的作用，适宜晚上食用。

西红柿红枣汤

● **材料**

西红柿300克，红枣15克，玉米粉100克

● **调料**

白糖15克

● **做法**

①红枣洗净；西红柿洗净，用开水烫后去皮，切方丁。

②锅内加开水，放入红枣煮开，小火煮20分钟。

③玉米粉调糊，倒入锅内，边倒边搅动，再加西红柿丁、白糖搅匀，倒入盆内，用冷水镇凉。

● **营养功效**

西红柿能生津止渴、健胃消食；红枣有补中益气、养血安神的功效。此汤能起到补中益气、健胃消食、延缓衰老的作用，适宜晚上食用。

 # 麦枣桂圆汤

● **材料**

小麦25克，红枣适量，桂圆肉10克

● **调料**

冰糖适量

● **做法**

①将红枣用清水洗净，再放入温水中稍微浸泡一下，备用。

②将小麦、桂圆肉分别用清水洗净，再捞出沥干。

③将准备好的小麦、红枣、桂圆肉、冰糖一同放入锅中，加入适量清水煮汤。

④至汤熟时，即可出锅，盛入碗中食用。

● **营养功效**

小麦有养心益肾、调理脾胃的功效；红枣有补中益气、养血安神的功效。此汤有养心安神、益气补血的作用，适宜晚上食用。

 # 莲子红枣花生汤

● **材料**

莲子100克，花生50克，红枣30克

● **调料**

冰糖30克

● **做法**

①将莲子用清水洗净，备用。

②将花生用清水洗净，备用。

③将红枣用清水洗净，备用。

④锅上火，倒入适量清水，下入准备好的莲子、花生、红枣一起烧沸至熟，再撇去浮沫。

⑤调入冰糖，即可出锅食用。

● **营养功效**

莲子能帮助机体进行蛋白质、脂肪、糖类代谢；红枣有补中益气、养血安神的功效。此汤有补中益气、促进人体新陈代谢的作用，适宜晚上食用。

 # 山药绿豆汤

● **材料**

新鲜紫山药140克，绿豆100克

● **调料**

白糖40克

● **做法**

①绿豆用清水洗净，泡至膨胀，捞出沥干水分后放入锅中；山药洗净去皮，切小丁。

②锅中加入清水，以大火煮沸，转小火续煮40分钟至绿豆软烂，放入山药丁，煮熟。

③调入白糖搅拌至溶化后即可食用。

● **营养功效**

山药有减肥轻身、补充营养的作用；绿豆能保护心血管。此汤有健胃和中、降低胆固醇的功效，晚上食用尤为适宜。

银耳雪梨汤

● **材料**

雪梨1个，银耳10克

● **调料**

冰糖15克

● **做法**

①银耳放入清水中泡发30分钟，再用清水洗净。

②将雪梨用清水洗净、去核，切条，盛于碗中，备用。

③砂锅洗净，加水适量，置于火上，先将银耳煮开，再加入雪梨，煮沸后转入小火，慢熬至汤稠，起锅前加入冰糖，待其溶化即可。

● **营养功效**

银耳能帮助胃肠蠕动、加速脂肪分解；雪梨能促进排毒、维持机体健康。此汤有益气清肠、安眠健胃的功效，适宜晚上食用。

冰糖炖木瓜

● **材料**

木瓜65克

● **调料**

冰糖50克

● **做法**

①木瓜用清水洗净，去掉瓜皮、籽，切成均匀的小块。

②将准备好的木瓜块、冰糖一起放入炖盅内，倒入适量清水。

③将炖盅放入蒸笼蒸熟即可。

● **营养功效**

冰糖有养阴生津、润肺止咳的功效；木瓜有护肝降酶、抗炎抑菌、降低血脂的功效。此汤有补中益气、保护肝脏、降低血脂的作用，适宜晚上食用。

 # 菠萝甜汤

● 材料

菠萝25克

● 调料

盐少许

● 做法

①菠萝用清水洗净，切成薄片。

②将水放入锅中，开中火，将菠萝入锅煮，待水滚后转小火将材料煮熟，加入少许盐调味即可。

● 营养功效 ·······

菠萝能改善局部血液循环。此汤有健脾和胃、促进新陈代谢的功效，适宜晚上食用。

 # 槟榔椰子汁

● 材料

槟榔30克，椰子1个

● 调料

冰糖20克

● 做法

①将椰子去掉果皮，先用清水洗净，再在蒂部锯开一个小口，将椰汁倒出，再装入蒸杯内。

②再往蒸杯中放入准备好的冰糖、洗好的槟榔。

③将蒸杯放上笼，蒸约45分钟，即可出锅食用。

● 营养功效 ·······

槟榔有驱虫消积、下气行水的功效；椰子有生津止渴、强心益气、生津利水的功效。此汤有补益脾胃、杀虫消痔的作用，晚上食用尤为适宜。

健体润肤汤

● **材料**

山药25克，薏米50克，枸杞10克

● **调料**

冰糖适量，生姜3片

● **做法**

①山药去皮，用清水洗净，切成大小均匀的块，备用。

②将薏米用清水洗净。

③将枸杞洗净，放入清水中泡发，备用。

④备好的材料加水，加入生姜，以小火煲约1.5小时。

⑤再加入冰糖调味即可。

● **营养功效**

山药有利于脾胃消化和吸收；薏米能改善粉刺、黑斑、雀斑与皮肤粗糙等现象。此汤能起到健脾开胃、美容养颜的功效，适宜晚上食用。

美花菌菇汤

● **材料**

西蓝花、菜花各75克，菌菇125克，鸡脯肉50克

● **调料**

高汤适量，盐4克

● **做法**

①将西蓝花、菜花分别用清水洗净，再掰成小朵。

②将菌菇用清水洗净。

③将鸡脯肉用清水洗净，切块，汆水后捞出沥干，备用。

④净锅上火倒入高汤，下入西蓝花、菜花、菌菇、鸡脯肉，煲至熟，调入盐即可。

● **营养功效**

西蓝花能提高人体免疫功能，促进肝脏解毒；菌菇能调节人体新陈代谢、降血脂。此汤有强身健体、降低胆固醇的功效，适宜晚上食用。

山药瘦肉汤

● **材料**

猪瘦肉175克，山药75克，地瓜5克

● **调料**

盐4克，鸡精3克，葱、姜各2克，芝麻油5克

● **做法**

① 猪瘦肉洗净，切片。
② 山药洗净，去皮，切片。
③ 地瓜洗净，切片。
④ 葱洗净切花；姜洗净，切片。
⑤ 油锅烧热，将姜爆香，下肉片煸炒至八成熟，下入山药同炒，倒入水，下入地瓜片，调入盐、鸡精煲至熟，淋入芝麻油，撒上葱花。

● **营养功效**

山药能防治人体脂质代谢异常、增强人体免疫力；瘦肉有补肾养血、滋阴润燥的功效。此汤有健脾益胃、强身健体的作用，适宜晚上食用。

山药奶香肉汤

● **材料**

猪瘦肉100克，山药80克

● **调料**

鲜牛奶、盐适量

● **做法**

① 将猪瘦肉用清水洗净，切成细丝。
② 将山药用清水洗净后去掉皮，再切成细丝，全部放入沸水中焯水后捞出沥干水分，备用。
③ 净锅上火，倒入鲜牛奶，下入肉丝、山药丝烧开，调入适量盐，即可出锅，装入碗中食用。

● **营养功效**

猪瘦肉有补肾养血、滋阴润燥的功效；山药有健脾胃、补中益气、益心安神的作用。此汤有补中益气、强身健体的功效，适宜晚上食用。

冬瓜桂笋肉汤

● 材料

素肉块、猪瘦肉各50克，冬瓜、桂竹笋各100克，黄柏、知母各10克

● 调料

盐、芝麻油各适量

● 做法

1 将素肉块浸泡至软化，取出，挤干水分，备用；猪瘦肉洗净，切块。

2 冬瓜洗净，切块；竹笋洗净，切片。

3 将黄柏、知母洗净，放入棉布袋中与600克清水一同放入锅中，以小火煮沸。

4 加入所有材料混合煮沸，调入盐，淋上芝麻油即可。

● 营养功效

冬瓜能养胃生津、清降胃火；桂笋能增进食欲、帮助消化。此汤有健脾和胃、养阴润燥的功效，晚上食用尤为适宜。

白菜红枣肉汤

● 材料

白菜150克，红烧肉300克，红枣5克

● 调料

味精、姜片、盐、芝麻油各适量

● 做法

1 白菜去掉残叶、老叶，用清水洗净，切段备用。

2 红枣洗净，去核。

3 红烧肉切条，待用。

4 锅上火加水，放入肉、红枣、姜片煮1小时至软，再放入白菜稍煮，加盐、味精和芝麻油调味即可。

● 营养功效

白菜能增强人体抗病能力、降低胆固醇；红枣能增强肌力、消除疲劳、扩张血管。此汤有通利肠胃、降低胆固醇、增强体质的功效，适宜晚上食用。

 # 多菌菇排骨汤

● **材料**

排骨200克，多菌菇150克，油菜6棵

● **调料**

葱丝、姜丝、盐各3克，高汤适量

● **做法**

①将排骨用清水洗净，斩块，氽水后捞出沥干水分。
②多菌菇泡去盐分，用清水洗净。
③将油菜用清水洗净。
④炒锅上火倒油，将葱、姜爆香，倒入高汤，调入盐，下入排骨、多菌菇、油菜，煲至熟即可。

● **营养功效**

排骨有滋阴润燥、益精补血的功效；多菌菇有调节新陈代谢、增强免疫力、降血脂的功效。此汤有补中益气、促进新陈代谢的作用，适宜晚上食用。

 # 南瓜牛肉汤

● **材料**

南瓜200克，酱牛肉125克

● **调料**

精盐3克

● **做法**

①将南瓜去掉皮、籽，用清水洗净，切成方块。
②将酱牛肉用清水洗净，切成大小均匀的块，备用。
③净锅上火，倒入适量清水，调入精盐，待烧开，再下入南瓜、酱牛肉煲至熟，即可出锅，装入碗中食用。

● **营养功效**

南瓜可调整糖代谢、增强肌体免疫力；牛肉有增强免疫力、促进新陈代谢的作用。此汤有润肺消痛、增强免疫力的功效，适宜晚上食用。

莲藕萝卜排骨汤

● **材料**

莲藕250克，猪排100克，胡萝卜75克，油菜10克

● **调料**

清汤适量，精盐4克

● **做法**

①将莲藕洗净切块。

②将猪排洗净剁块，汆水后捞出沥干水分，备用。

③胡萝卜洗净，去皮，切块。

④将清汤倒入锅内烧沸，下入猪排、莲藕、胡萝卜煲至熟，调入精盐，撒入洗净的油菜即可。

● **营养功效**

莲藕有补心生血、健脾开胃、滋养强壮的功效；排骨有滋阴润燥、益精补血的功效。此汤有降压降脂、滋养强壮的作用，适宜晚上食用。

 # 龙骨黄芪肉汤

● **材料**

龙骨250克，黄芪10克

● **调料**

盐4克，味精3克，葱花、姜末、香芹末各2克

● **做法**

①将龙骨用清水洗净，汆水后捞出沥干水分。

②将黄芪用温水洗净，备用。

③净锅上火倒入油，葱、姜爆出香味，下入龙骨煸炒几下。

④随后倒入水，下入黄芪至熟，调入盐、味精，撒上香芹末即可。

● **营养功效**

黄芪能改善气虚和贫血，增强体质；龙骨可以滋补肾阴、填补精髓。此汤有改善肾虚耳鸣、腰膝酸软的功效。适合晚上食用。

 # 清炖牛肉

● **材料**

牛肉400克，白萝卜200克，胡萝卜100克

● **调料**

盐、胡椒粉、鸡精、清汤、香菜段各适量，葱1根，姜1块

● **做法**

① 牛肉洗净切小块。

② 白萝卜、胡萝卜洗净，切菱形块。

③ 葱洗净切段；姜洗净切片。

④ 牛肉块入沸水氽烫去血水。

⑤ 爆香葱段、姜片，注入清汤，下入牛肉块炖煮30分钟，入白萝卜、胡萝卜炖煮30分钟，调入盐、胡椒、鸡精，撒上香菜段即可。

● **营养功效**

牛肉有增强免疫力、促进蛋白质合成、促进新陈代谢的功效；白萝卜有补中益气的作用。此汤有补中益气、强健筋骨的作用，晚上食用尤为适宜。

 # 土鸡汤

● **材料**

土鸡1只，鸡蛋黄4个，香菇4朵

● **调料**

盐2克，芝麻油1克，姜片、葱花各适量

● **做法**

① 鸡收拾干净，留鸡肝、鸡肾。

② 香菇洗净。

③ 锅内倒入适量水烧开，调入少许油烧热，放入鸡和鸡肝、鸡肾、香菇、姜片一起炖1个小时。

④ 锅中调入少许盐，放入蛋黄，淋入少许芝麻油，撒上葱花即可。

● **营养功效**

土鸡对于预防心脑血管疾病有一定的作用；鸡蛋有清热消炎、保护黏膜的作用。此汤有补中益气、滋阴补肾、增强体质的功效，适宜晚上食用。

鸭舌汤

● **材料**

鸭舌20个，口蘑25克，豆苗少许

● **调料**

清鸭汤1500克，盐4克

● **做法**

①将鸭舌洗净煮熟，凉凉，去软骨，入小锅，加入烧开的鸭汤，上笼蒸2分钟，取出备用。

②温水浸泡口蘑1小时，原汁留用，用盐搓洗口蘑，用原汁泡上。

③口蘑用沸水烫透，放入汤碗，把蒸过的鸭舌放入汤碗，倒入烧开的鸭汤，撒上烫过的豆苗即成。

● **营养功效**

鸭舌对神经系统和身体发育有重要作用；口蘑能调节甲状腺的功能、提高免疫力。此汤有温中益气、健脾胃、降压降脂的功效，适宜晚上食用。

 # 白果炖乳鸽

● **材料**

白果20克，乳鸽1只，枸杞20克，火腿片2克

● **调料**

盐4克，味精2克，胡椒粉适量，绍酒10克，姜10克

● **做法**

①白果去壳，洗净，浸泡一夜，去心；枸杞洗净；乳鸽处理干净，斩件；姜洗净拍松。

②乳鸽入沸水汆去血水。

③将诸料入炖锅，加水大火烧沸，小火炖1小时，加入所有调料调味即成。

● **营养功效**

白果有养颜、抗衰老、扩张微血管的功效；乳鸽肉能增强皮肤弹性，使面色红润。此汤能起到美容养颜、延缓衰老的功效，适宜晚上食用。

 # 枸杞鹌鹑鸡肝汤

● **材料**　鸡肝150克，枸杞叶10克，鹌鹑蛋150克

● **调料**　生姜5克，盐4克

● **做法**

① 鸡肝洗净，切成片；枸杞叶洗净。

② 鹌鹑蛋入锅中煮熟后，取出，剥去蛋壳；生姜洗净切片。

③ 再将鹌鹑蛋、鸡肝、枸杞叶、生姜一起加水煮5分钟，调入盐煮至入味即可。

 # 红豆炖鲫鱼

● **材料**　鲫鱼1条（约350克），红豆500克

● **调料**　盐4克

● **做法**

① 将鲫鱼收拾干净；红豆用清水洗净。

② 鲫鱼和红豆一起放入锅内，加入2000～3000克水清炖，炖至鱼熟豆烂，加入盐调味即可。

 # 苹果核桃鲫鱼汤

● **材料**　鲫鱼1条，苹果150克，核桃仁50克

● **调料**　盐少许，姜片1克，葱段适量

● **做法**

① 鲫鱼收拾干净，斩两段，下入热油锅稍煎；苹果洗净去核切块。

② 煲内入水，煮沸后加入鲫鱼，待水再次烧开后放入苹果、核桃仁、姜片、葱段，中火煲至汤汁呈乳白色，加盐调味。

清汤黄花鱼

● **材料**　黄花鱼1尾
● **调料**　盐4克，葱段、姜片各2克

● **做法**

①将黄花鱼收拾干净，备用。

②净锅上火，倒入适量清水，再放入葱段、姜片，下入准备好的黄花鱼，煲至汤成肉熟。

③加入盐调味，即可出锅，装碗食用。

清汤鱼圆

● **材料**　草鱼半条，香菇1个，油菜3棵，火腿3片
● **调料**　盐适量

● **做法**

①香菇、油菜洗净；草鱼收拾干净，鱼肉刮成末，加入凉开水、盐打成浆，挤成鱼丸，放入凉水中用小火煮。

②锅内放入油菜、香菇、火腿片，加盐煮至水正好沸腾时立即关火，盛起即可。

黄瓜虾仁汤

● **材料**　鲜虾仁100克，黄瓜80克，胡萝卜50克
● **调料**　精盐少许，味精3克，高汤、葱花适量

● **做法**

①将虾仁洗净，黄瓜、胡萝卜洗净切片备用。

②净锅上火倒入高汤，下入虾仁、黄瓜、胡萝卜煲至熟，调入精盐、味精，撒上葱花即可。

 # 蔬菜海鲜汤

●材料 虾30克，鱼肉30克，西蓝花30克，山药1根，西红柿1个
●调料 盐、鸡精各适量

●做法

①虾收拾干净；鱼肉收拾干净切块；西蓝花洗净，切块；山药去皮，洗净切片；西红柿洗净切块。

②煲内加水，煮沸后放入虾、山药片、西红柿块、鱼肉、西蓝花，大火煲沸后，改小火煲30分钟，调入盐、鸡精拌匀即可。

 # 豆腐海带汤

●材料 豆腐100克，海带、芹菜各80克
●调料 盐、味精各2克

●做法

①豆腐洗净，切丁；海带泡发，洗净，切块；芹菜洗净，切段。

②油锅烧热，注水烧开，放入豆腐。

③再放入芹菜、海带同煮至熟。

④调入盐、味精，煮至入味，即可出锅。

 # 海带黄豆汤

●材料 海带结100克，黄豆20克
●调料 精盐、姜片各3克

●做法

①将海带结用清水洗净；黄豆用清水洗净，用温水浸泡至回软，备用。

②净锅上火，倒入适量清水，再调入精盐、姜片，下入黄豆、海带结煲至菜熟，即可出锅。

Part

3

常喝这些汤，
赶走亚健康

●现代人对健康的关注不应只停留在饮食口味的好坏上，而是应该在确保营养充足的基础上，寻找维持和促进健康的饮食方法。本章就为大家介绍一些营养汤，我们可以根据各种食材巧妙搭配，烹调出美味的汤羹，让你轻松赶走亚健康。

什么是亚健康

亚健康即指非病非健康状态，这是一类次健康状态，故又有"次健康""第三状态""中间状态""游移状态"等称谓。世界卫生组织将机体无器质性病变，但是有一些功能改变的状态称为"第三状态"，我国称之为"亚健康状态"。

通俗地讲，"亚健康状态"是指在医院检查、化验不出毛病，又自我感觉身体不舒服的情况。"亚健康状态"是一种动态的变化状态，有可能发展成为第二状态，即生病，也可通过治疗恢复到第一状态，即健康。因为其表现复杂多样，国际上还没有一个具体的标准化诊断参数。

由于都市人养成了不良的饮食、生活习惯，再加上环境污染，导致人体内酵素大量缺失，体内毒素逐渐沉积，从而影响到机体的健康。尽管处于亚健康状态的人没有明确的疾病，但是却会出现精神活动和适应能力下降。如果这种状态一直不能得到及时的纠正，就很容易引起身心的疾病。

据现代医学研究，亚健康是一个大的概念，它包含着前后衔接的几个阶段。其中，与健康紧紧相邻的称为"轻度身心失调"，它常以疲劳、失眠、胃口差、情绪不稳定等为主要症状，但是这些失调容易很快恢复，而恢复了则与健康人并无不同之处。

从亚健康产生的原因我们也可以清楚地看到，社会环境压力和人的自我调节能力是与亚健康密切相关的外部因素和内部因素。患有亚健康处于"轻度身心失调"阶段的人约占人群的25%。

如果这种失调持续发展，可进入"潜临床"的状态，此时，亚健康已呈现出发展成某些疾病的高危倾向，潜伏着向某病发展的高度可能。

在人群中，处于这类状态的已经超过1/3，并且在40岁以上的人群中比例陡增。他们的表现比较复杂，可为慢性疲劳或持续的身心失调，包括前面所说的各种症状持续2个月以上，并且经常伴有慢性咽痛、反复感冒、精力不济等。也有专家将其表现归纳为3种减退——活力减退、反应能力减退和适应能力减退。从临床检测来看，城市里的这类群体比较集中地表现为"三高一低"的倾向，即存在着接近临界水平的高血脂、高血糖、高血黏度和免疫功能偏低。

◎亚健康的显著特征就是人的活力、反应力和适应力减退。

🍲 做做以下测试，看看您是否"亚健康"了

以下这套测试题，如果你的累积总分超过50分，就需要好好反思你的生活状态，加强锻炼和营养搭配；如果累积总分超过80分，请赶紧去医院找医生，调整自己的心理状态，或是申请休假，好好地休息一段时间。

测一测自己是不是处于亚健康状态

● 早上起床时，常有较多的头发掉落。（5分）

● 感到心情有些抑郁，会对着窗外发呆。（3分）

● 昨天想好的事，今天怎么也记不起来了，而且近些天来，经常出现这种情况。（10分）

● 害怕走进办公室，觉得工作令人厌倦。（5分）

● 不想面对同事和上司，有自闭症倾向。（5分）

● 工作效率下降，上司已对你不满。（5分）

● 工作一小时后，身体倦怠，胸闷气短。（10分）

● 工作情绪始终无法高涨，最令人不解的是无名的火气很大，但又没有精力发作。（5分）

● 一日三餐进餐甚少，排除天气因素，即使口味非常适合自己的菜，近来也经常味同嚼蜡。（5分）

● 盼望早早地逃离办公室，为的是能够回家，躺在床上休息片刻。（5分）

● 对城市的污染、噪声非常敏感，比常人更渴望清幽、宁静的山水，休养身心。（5分）

● 不再像以前那样热衷于聚会，有种强打精神、勉强应酬的感觉。（2分）

● 晚上经常睡不着觉，即使睡着了，又老是在做梦的状态中，睡眠质量很糟糕。（10分）

● 体重有明显的下降趋势，早上起来，发现眼眶深陷，下巴突出。（10分）

● 感觉免疫力在下降，春秋季流感一来，自己首当其冲，难逃"流"运。（5分）

● 性能力明显下降。（10分）

亚健康状态进一步测评项目
（以下各项，符合的计1分，不符合的不记分。）

- 早晨懒得起床。
- 公共汽车来了，一点也不想跑着赶上去。
- 爬楼梯时常常绊到脚。
- 不愿意跟上级或者熟人见面。
- 写文章时老出错。
- 说话的声音又细又短。
- 不愿意和同事们多说话。
- 常常托着脸呆想。
- 没事就喜欢喝茶、喝饮料。
- 不想吃带一点油腻的东西。
- 很想在饭菜上撒点辛辣的调料。
- 老觉得手发硬。
- 常常觉得眼睛睁不开。
- 老是不合时宜地打哈欠。
- 怎么也想不起朋友的具体住址。
- 老想把脚搁到桌子上面去。
- 对吸烟情有独钟。
- 体重突然下降，觉得挺好，无所谓。
- 便秘，或者一有风吹草动，肚子就不舒服。
- 晚上越是数羊越是睡不着。

如果以上亚健康测试题你得分超过5分，说明你的健康状况已经敲响警钟。超过10分，你该好好检讨一下自己的生活状态，需要做进一步的调整。

　　亚健康测试题的自我评价只是一个参考，它可以提醒人们重视自己的健康，并不是自己有几项指标呈阳性就一定是处于亚健康状态，因为通过简单的亚健康测试题就得出人体是否处于亚健康状态的结论是不全面的。

　　不过，如果身体的不舒服已经影响了日常工作和生活，请一定要到医院请专家做综合的判断，以免耽误治疗和恢复。

亚健康的明显症状

亚健康现在还没有明确的医学指标来诊断，因此易被人们所忽视。当人体出现以下表现时，就有可能已经处于亚健康状态。

心慌不安，惊悸少眠： 主要表现为心慌气短、胸闷憋气、心烦意乱、手足无措、夜寐不安、多梦纷纭。

汗出津津，经常感冒： 经常性自汗、盗汗、出虚汗，怕冷，自己稍不注意就容易感冒。

◎亚健康人群会时不时感到怕冷、出虚汗，稍不留神就会感冒。

舌赤苔厚，口苦便燥： 舌尖发红、舌苔厚腻、口苦咽干、大便干燥、小便短赤等。

面色有滞，眼周灰暗： 面色无华，憔悴；双眼周围，特别是眼下灰暗发青。

四肢发胀，目下卧蚕： 晨起或劳累后足踝及小腿肿胀，下眼皮肿胀、下垂。

指甲成象，变化异常： 指甲卷如葱管、相似蒜头、剥如竹笋、枯似鱼鳞、曲类鹰爪、塌同瘪螺、月痕不齐、峰突凹残、甲面白点等，均为甲象异常，病位或在脏腑，或累及经络，营卫阻滞。中医认为，人体躯干四肢、脏腑经络、气血体能信息层叠融会在指甲上称为甲象。

潮前胸胀，乳生结节： 妇女在月经到来前两三天，四肢发胀、胸部胀满、胸胁串痛，妇科检查，乳房常有硬结。

口吐黏物，呃逆胀满： 常常有胸腹胀满、大便黏滞不畅、肛门湿热之感，食生冷干硬食物常感到胃部不适，口中黏滞不爽，吐之才快。严重时，晨起非吐不可，进行性加重。

体温异常，倦怠无力： 下午体温常常37℃～38℃，手心热，口干，全身倦怠无力，此时应到医院检查是否有结核等。

视力模糊，头胀头疼： 平时视力正常，突感视力下降（非眼镜度数不适），且伴有目胀、头疼，此时千万不可大意，应及时到医院检查是否有颅内占位性病变等。

◎长期对着电脑，容易出现视力模糊、视物不清的现象。

引起亚健康的原因

随着社会的进步，环境污染、社会竞争日趋激烈，使得生活和工作节奏加快，来自各方面的压力不断增加，再加上吸烟酗酒、饮食不规律、缺乏体力劳动、生活不规律等，以致亚健康人群逐渐增多，而造成"亚健康"的原因复杂多样。

影响因素	引起亚健康的具体原因
环境因素	环境污染、交通拥挤、住房紧张、办公空间窄小等都可对人体的心血管系统和神经系统产生诸多不良影响，容易使人烦躁、心情郁闷。
社会因素	现代社会工作和生活节奏紧张，竞争激烈，社会生活复杂，对恋爱、婚姻和家庭造成极大的冲击，导致人们常常劳作过度，以致身心透支、用脑过度，身体主要器官在长期不平衡的状态下工作，导致各种功能逐渐下降。
营养失衡	现代人饮食往往热量过高，营养素不够全面，加上食品中人工添加剂过多，人工饲养动物成熟期短，营养成分偏缺，都造成了很多人体重要的营养素缺乏和肥胖症增多，机体的代谢功能出现紊乱。
心理失衡	心理因素导致的亚健康其表现形式多种多样，有焦虑、恐慌、烦躁、易怒、睡眠不佳等。高度激烈的竞争状态、错综复杂的人际关系使人思虑过多，不仅会引起睡眠不良，也会影响人体的神经体液调节和内分泌调节，进而影响人体各个系统的正常生理功能。
缺乏运动	人体在生命运动过程中有很多的共性，但也存在着个体差异，因此，每个人在不同时期，身体的客观情况都处在动态变化当中，如果不适度地运动，必然对人的身体有一定的影响。
乱用药品	用药不当不仅会对机体产生一定的副作用，而且还会破坏机体的免疫系统。如稍有感冒就大量服用抗生素，不仅会破坏人体肠道的正常菌群，还会使机体产生耐药性；稍感疲劳就大量服用温阳补品，本想补充营养，但实际上却是在抱薪救火。
网络因素	网络的快速发展彻底改变了许多人的生活习惯和工作方式，但沉迷于网络之中，会使交感神经亢奋过度，身心很容易疲乏。
不良习惯	逆时而作，工作、睡眠时间无规律，可使娱乐、工作和休息的时间比例失调，严重干扰人体生物钟的运行。而吸烟、酗酒等则直接使机体的正常细胞受损，影响人体的神经体液调节和循环、呼吸等系统的正常生理功能。

🍲 亚健康的易发人群

在现代社会中，有些人因为职业、疾病等原因，容易成为亚健康的易发人群。

群体	引起亚健康的具体原因
年轻白领群体	白领阶层处于亚健康状态的比较常见。虽然白领们的工作不像体力劳动者那么辛苦，但在心理上和脑力上更容易疲劳。这是由白领的高节奏、高竞争的工作性质所决定的。我们都知道用脑过度、睡眠不足就会严重降低人类寿命，而白领正是属于这类人群，从而也是亚健康"青睐"的对象。
更年期男女群体	中年时期人体在生理上要经历重要的转折，面临更年期的考验，此时人体的各种生理功能逐渐衰退。由于生理功能由盛转衰，再加上在社会、家庭中所处的重要位置，决定了中年人要承受来自各方面的压力和肩负多方面的重任，因此也决定了中年时期是许多慢性疾病的好发时期。
学生群体	现在的独生子女多，无形中也给孩子带来很大压力，他们从上小学开始就背负起了沉重的包袱，要面对考不完的试，过不完的关。长期超负荷地学习以及面临激烈竞争的压力，使得学生中有相当大一部分人处于亚健康状态，常常出现失眠、腰酸背痛、疲乏无力、厌食、学习没效率等现象，甚至产生焦虑、厌学等心理，如不能及时加以纠正，往往导致疾病的发生。
离退休者群体	离休和退休是人生中的一个重大变动，处于这个阶段的人群无论在生活内容、生活节奏还是社会地位、人际交往等各个方面都发生了很大的变化。由于适应不了环境的突然改变，有些人就会出现情绪上的消沉和偏离常态的行为，甚至引起疾病，形成所谓"离退休综合征"。
轮班倒群体	轮班倒群体由于昼夜颠倒，较长时间不能接受阳光照射，使得体内内分泌失调；与家人作息时间矛盾，也易使婚姻产生摩擦；人际交往受限，则导致身体和情绪、社交障碍。生物钟的正常运转是健康的基础和保证，而昼夜轮换班者的晨昏倒错使得生物钟运转紊乱，这就会给身心带来不良影响。
失业者群体	这一类人多集中在40岁左右，因为各种原因失业，缺少收入，面对家中上有老人需要赡养、下有子女教育需要投资的严酷现实，许多人陷入了焦虑迷茫中，最终成为亚健康群体的一员。

轻度亚健康，可以常喝这些汤

轻度亚健康也称作"轻度身心失调"，以疲劳、失眠、胃口差、情绪不稳定等为主要症状，是亚健康中较为常见的一类，症状普遍较轻微，也较容易恢复。

饮食指导 ▶	①补充含有维生素A的食物：维生素A能促进糖蛋白的合成，进而增强人体自身免疫力。维生素A含量丰富的食物主要有胡萝卜、油菜、菠菜等。 ②多喝茶：喝茶可以减少电脑辐射。泡茶最好不要选用保温杯，因为用保温杯把茶叶长时间浸泡在高温的水中，就如同用温水煎煮一样，会使茶叶中的维生素全遭破坏。
煲汤食材 ▶	萝卜、包菜、白菜、青椒、西红柿、香菇、芹菜、莴笋、土豆、莲藕、马蹄、山药、冬瓜、鸡肉、猪瘦肉、鱼肉、牛肉、百合、银耳、莲子等。

枸杞白菜心汤

● 材料

白菜心50克，枸杞10克

● 调料

盐1克，味精2克，姜5克

● 做法

①白菜心洗净，掰开；枸杞洗净；姜洗净，切片。

②锅置于火上，加入少量油烧热，注入适量的水，加入白菜心、枸杞、姜片焖煮。

③煮至沸时，加入适量的盐、味精调味即可食用。

● 营养功效

枸杞有益精明目、抗疲劳的功效；白菜心可增强机体免疫力。此汤有养肝明目、增强免疫力的功效，适用于疲劳、失眠、眼睛酸胀等症状。

玉米西红柿奶汤

● **材料**

鲜奶适量，玉米粒（罐装）175克，西红柿50克，芹菜20克

● **调料**

盐3克，白糖2克

● **做法**

① 将玉米粒洗净；西红柿洗净，切丁；芹菜洗净，切末备用。

② 净锅上火倒入鲜奶，下入玉米粒、西红柿煲至熟，调入盐、白糖，撒入芹菜末即可。

● **营养功效**

玉米有预防脑退化、增强记忆力的功效；西红柿有抗氧化、防癌的功效。此汤有健胃消食、防癌抗癌的作用，适宜轻度亚健康人士食用。

西蓝花奶汤

● **材料**

西蓝花1朵，罐头玉米粒1大匙，鲜奶200克

● **调料**

盐适量

● **做法**

① 西蓝花切小朵，撕去梗皮，洗净。

② 盛入煮锅，加1碗水和盐，将西蓝花煮至熟。

③ 再倒进牛奶，转小火边煮边搅拌，并将玉米粒加入，待熟即熄火。

● **营养功效**

西蓝花有润肺止咳、提高机体免疫力的功效；鲜奶具有明目养眼、改善睡眠的功效。此汤有强身健体、防癌抗癌的作用，轻度亚健康人士食用尤为适宜。

 牛肉煲冬瓜

● **材料**

熟牛肉200克，冬瓜100克，青椒末、红椒末各适量

● **调料**

精盐少许，味精、酱油、葱丝、姜丝各3克，香菜段2克

● **做法**

①将熟牛肉切块；冬瓜去皮、籽洗净切成滚刀块备用。

②炒锅上火，倒入油，将葱、姜炝香，倒入水、酱油，放入熟牛肉、冬瓜煲至成熟，调入精盐、味精，撒入香菜段、青红椒末即可。

● **营养功效**

冬瓜有清热消暑、滋阴补虚的作用；牛肉有理气明目、增强营养的作用。此汤有强身健体、滋阴润燥的功效，适用于疲劳、眼睛酸胀、头痛等症。

降火翠玉蔬菜汤

● **材料**

西瓜皮、丝瓜各100克，绿豆芽30克，板蓝根8克，天门冬、薏米各10克

● **调料**

盐1小匙，嫩姜丝适量

● **做法**

①西瓜皮洗净切片；丝瓜洗净切丝；绿豆芽洗净去除根须。

②将板蓝根、天门冬和薏米洗净，放入棉布袋，置入锅中，滤取药汁和薏米。

③将药汁和薏米放入锅中加热，加入西瓜皮、丝瓜丝和豆芽、姜丝煮沸，调入盐即可。

● **营养功效**

丝瓜有健脑美容、抗衰老的功效；西瓜有清热解暑、除烦解渴的功效。此汤有强身健体、抗衰老的作用，适用于疲劳、皮肤暗沉等症状。

白菜豆腐海带汤

● **材料**

白菜200克，海带结80克，豆腐55克

● **调料**

高汤、盐各少许，味精、香菜段各3克

● **做法**

①将白菜洗净撕成小块；海带结洗净；豆腐洗净切块备用。

②炒锅上火加入高汤下入白菜、豆腐、海带结，煲至熟，调入盐、味精，撒入香菜段即可。

● **营养功效**

海带有护眼养肾、降低血脂的功效；豆腐有提神醒脑、增强食欲的功效。此汤有养眼健脑、降脂消食的作用，轻度亚健康者食用尤为适宜。

党参枸杞红枣汤

● **材料**

红枣12克，党参20克，枸杞12克

● **调料**

白糖适量

● **做法**

①党参洗净切成段；红枣、枸杞洗净，放入清水中浸泡5分钟后再捞出备用。

②将所有的材料放入砂锅中，放入适量的清水，煮沸。

③加入白糖，改用小火再煲10分钟左右，将党参挑出即可。

● **营养功效**

红枣有补中益气、健脾和胃、养血安神的功效；枸杞有益精明目、抗疲劳的功效。此汤有强身健体、消除疲劳的作用，适宜轻度亚健康人士食用。

莲子银耳桂蜜汤

● 材料

银耳7.5克，莲子30克

● 调料

桂花蜜、冰糖各适量

● 做法

①银耳洗净泡开，去杂质，撕成细条；莲子洗净，去除莲心，用水泡发。
②锅置火上，加水，放入莲子，大火煮沸，转入小火，快熟时加入银耳及冰糖，煮至熟。
③放凉后移入冰箱，吃之前加桂花蜜。

● 营养功效

莲子有养心安神、健脾补胃的功效；银耳有补脾开胃、益气清肠、滋阴润燥的功效。此汤有强身健体、安眠健胃的作用，适宜轻度亚健康人士食用。

半夏薏米汤

● 材料

半夏15克，薏米1杯，百合10克

● 调料

冰糖适量

● 做法

①半夏、薏米洗净；百合洗净备用。
②锅中加水烧开，倒入薏米煮至沸腾，再倒入半夏、百合煮至熟。
③最后加入冰糖即可。

● 营养功效

半夏有和中健胃、降逆止呕的功效；薏米有利水消肿、健脾祛湿、增强免疫力的功效。此汤有健脾和胃、延缓衰老的作用，适宜轻度亚健康人士食用。

山药枸杞莲子汤

● **材料**

山药200克，莲子100克，枸杞50克

● **调料**

白糖6克

● **做法**

① 山药去皮，洗净，切成滚刀块；莲子洗净去心后与枸杞一起泡发。

② 锅中加水烧开，下入山药块、莲子、枸杞，用大火炖30分钟。

③ 待熟后，调入白糖，煲入味即可。

● **营养功效**

山药有补中益气、健脾益胃、滋肾益精的功效；枸杞有益精明目、抗疲劳的功效。轻度亚健康人士食用此汤，有强身健体、健胃和中的功效。

银耳橘子汤

● **材料**

红枣5颗，橘子半个，银耳75克

● **调料**

冰糖适量

● **做法**

① 银耳泡软，洗净去硬蒂，切小片；红枣洗净；橘子剥开取瓣状。

② 锅内倒入3杯水，再放入银耳及红枣一同煮开后，改小火再煮30分钟。

③ 待红枣煮开入味后，加入冰糖拌匀，最后放入橘子略煮，熄火即可食用。

● **营养功效**

银耳有补脾开胃、益气清肠的功效；橘子有润肺止咳、健脾顺气的功效。此汤有健脾和胃、养阴润燥的作用，适宜轻度亚健康人群食用。

核桃冰糖炖梨

● 材料

核桃仁30克，梨150克

● 调料

冰糖30克

● 做法

①梨洗净，去皮去核，切块；核桃仁洗净。
②将梨块、核桃仁放入煲中，加入适量清水，用小火煲30分钟，再下入冰糖调味即可食用。

● **营养功效** ……………………………………

核桃有延缓衰老、缓解疲劳的功效；梨有生津止渴、清热降火、养血生肌的功效。此汤有补血养神、健脾和胃、抗疲劳的作用，轻度亚健康人士食用尤为适宜。

柴胡秋梨汤

● 材料

柴胡6克，秋梨1个

● 调料

红糖适量

● 做法

①分别把柴胡、秋梨洗净，秋梨切成块。
②柴胡、秋梨放入锅内，加1200克水，先用大火煮沸，再小火煎15分钟。
③滤渣，调入红糖即可。

● **营养功效** ……………………………………

柴胡有和解表里、疏肝升阳的功效；梨有生津止渴、清热降火、养血生肌的功效。此汤有解肌透表、清热生津的作用，适宜轻度亚健康人士食用。

猪肉芋头香菇汤

● **材料**

芋头200克，猪肉90克，香菇8朵

● **调料**

盐、酱油、八角、葱末、姜末、香菜末各少许

● **做法**

① 将芋头去皮洗净切滚刀块；猪肉洗净切片；香菇洗净切块备用。

② 净锅上火倒油，将葱、姜末、八角爆香，下入猪肉煸炒，烹入酱油，下入芋头、香菇同炒，倒入水，调入盐煲　至熟，撒上香菜即可。

● **营养功效**

猪肉有提神醒脑、增强免疫力的功效；芋头有益胃宽肠、通便解毒、补益肝肾的功效。轻度亚健康人士食用此汤，有补中益气、健脾和胃的作用。

竹荪肉丸汤

● **材料**

肉丸300克，竹荪、胡萝卜各适量，枸杞3克

● **调料**

高汤600克，盐、白胡椒粉各3克，香菜段少许

● **做法**

① 肉丸洗净，用盐、白胡椒粉拌匀；竹荪、枸杞洗净；胡萝卜洗净切片。

② 高汤中放入肉丸煮至变色，加入竹荪、胡萝卜、枸杞煮熟，撒香菜。

● **营养功效**

竹荪有保护肝脏、降血压、降血脂的功效；猪肉有提神醒脑、增强免疫力的功效。此汤有强身健体、滋补肝肾的作用，适宜轻度亚健康人士食用。

菊花猪肝汤

● 材料

猪肝200克，菊花4克，枸杞3克

● 调料

盐4克

● 做法

① 将猪肝洗净切片焯水；菊花、枸杞均洗净备用。

② 净锅上火倒入水，下入菊花、枸杞、猪肝煲至熟，调入盐即可。

● **营养功效**

菊花具有明目健脑、清心除烦的功效；猪肝有补血健脾、养肝明目的功效。此汤有清肝明目、增强免疫力、抗衰老的作用，适用于情绪不稳定、眼睛酸胀等症状。

莲子猪心汤

● 材料

猪心1个，莲子（不去心）60克，红枣15克，枸杞15克，蜜枣适量

● 调料

盐适量

● 做法

① 猪心入锅中加水煮熟洗净，切成片；红枣、莲子、枸杞泡发洗净；蜜枣洗净。

② 把全部材料放入锅中，加清水适量，小火煲2小时，加盐调味即可。

● **营养功效**

莲子有提神健脑、增强记忆力的功效；猪心具有养心安神的功效。此汤有益气补肺、养心安神、强身健体的作用，适用于记忆力减退、失眠、情绪不稳定等亚健康症状。

金银花蜜枣煲猪肺

● 材料

猪肺200克，蜜枣2颗，金银花适量

● 调料

盐、鸡精各适量

● 做法

① 猪肺洗净，切成小块；蜜枣洗净，去核；金银花洗净。

② 净锅上水烧开，氽去猪肺上的血渍后捞出，清洗干净。

③ 将猪肺、蜜枣放进瓦煲，加入适量水，大火烧开后放入金银花，改小火煲2小时，加盐、鸡精调味即可。

● **营养功效**

金银花具有清热解毒的功效；猪肺有补肺、止咳、止血的功效。此汤有清热止咳、益气补肺的作用，轻度亚健康人士食用此汤尤为适宜。

 # 丝瓜排骨汤

● 材料

丝瓜1条，排骨200克，杏仁适量

● 调料

盐3克，姜片5克

● 做法

① 丝瓜去皮，洗净，切成段；杏仁洗净。

② 排骨洗净，斩件，飞水。

③ 砂煲注水，放入姜片、排骨用大火煲沸，放入丝瓜、杏仁，改换小火煲炖2小时，加盐调味即可。

● **营养功效**

丝瓜有解毒通便、润肤美容、通经络的功效；排骨有增强免疫力的功效。轻度亚健康人士食用此汤，有补中益气、美容养颜、延缓衰老的作用。

排骨冬瓜汤

● **材料**

排骨300克，冬瓜200克

● **调料**

盐4克，味精2克，胡椒粉3克，姜15克，高汤适量

● **做法**

①排骨洗净斩块；冬瓜去皮、瓤洗净后切滚刀块；姜洗净去皮切片。

②锅中注水烧开，下排骨焯烫，捞出沥水。

③将高汤倒入锅中，放入排骨煮熟，加入冬瓜、姜片继续煮30分钟，加入调味料。

● **营养功效**

排骨有增强免疫力的功效；冬瓜有清热生津、利尿消肿的功效。此汤有强身健体、调节人体代谢平衡的作用，轻度亚健康人士食用此汤尤为适宜。

黄芪牛肉汤

● **材料**

牛肉450克，黄芪6克

● **调料**

盐4克，葱段2克

● **做法**

①将牛肉洗净、切块、氽水；香菜择洗净切段；黄芪用温水洗净备用。

②净锅上火倒入水，下入牛肉、黄芪煲至熟，调入盐，撒入葱段即可。

● **营养功效**

黄芪具有增强免疫力、抗衰老的功效；牛肉有补中益气、滋养脾胃、强健筋骨的功效。此汤有健胃和中、强身健体的作用，适宜轻度亚健康人士食用。

牛肉土豆汤

● 材料

牛肉200克，土豆150克

● 调料

盐、枸杞、酱油、葱花各少许

● 做法

① 将牛肉洗净、切块、氽水；土豆去皮、洗净、切块备用。

② 净锅上火倒入水，下入牛肉、土豆、枸杞烧开，调入盐、酱油煲至熟，撒上葱花即可。

● 营养功效

牛肉有补中益气、滋养脾胃的功效；土豆有和胃调中、益气健脾、强身益肾的功效。轻度亚健康人士食用此汤，有补中益气、健脾和胃的作用。

莲子芡实薏米牛肚汤

● 材料

牛肚250克，莲子、芡实、薏米各适量，红枣3颗

● 调料

盐少许

● 做法

① 牛肚加盐搓洗，再用清水冲干净，切块；莲子、芡实、薏米、红枣均洗净待用。

② 将上述原材料放入汤煲内，倒入适量清水，用大火煮沸后转小火煲熟，调入盐即可食用。

● 营养功效

莲子有养心安神、健脾补胃的功效；芡实有补脾益肾、镇痛镇静的功效。此汤有促进血液循环、调理身心的作用，适用于头痛、情绪不稳定等亚健康症状。

🍲 松茸菌炖鸡汤

● 材料

土鸡1只，干松茸菌2朵，鲜松茸菌3朵

● 调料

盐3克，味精2克，胡椒粉5克，姜片10克，葱段10克

● 做法

① 鸡收拾干净，放入沸水中汆去血水；松茸菌洗净。

② 砂锅上火，加入适量清水，放入土鸡，加入姜、葱、胡椒粉、干松茸菌，大火炖2个小时。

③ 加入撕成片的鲜松茸菌，调入盐、味精继续炖5分钟即可。

● **营养功效**

松茸菌有理气、益肠胃的功效；鸡肉有温中益气、补精填髓、补虚损的功效。此汤有滋阴补虚、养血益气的作用，适用于脾胃气虚、乏力、虚弱、头晕等亚健康症状。

🍲 山药炖鸡汤

● 材料

山药250克，胡萝卜1根，鸡腿1只

● 调料

盐1小匙

● 做法

① 山药洗净、去皮、切块。

② 胡萝卜洗净、去皮、切块。

③ 鸡腿洗净剁块，放入沸水中汆烫。

④ 鸡腿、胡萝卜先下锅，加水至盖过材料，以大火煮开后转小火炖15分钟。

⑤ 下山药大火煮沸，改用小火续煮10分钟，加盐调味即可。

● **营养功效**

山药能提高免疫力、预防高血压；鸡肉有温中益气、补精填髓、益五脏、补虚损的功效。此汤有增强免疫力、强身健体的作用，适合轻度亚健康人士食用。

鹅肉炖萝卜

● 材料

鹅肉500克，白萝卜250克

● 调料

盐4克，味精5克，芝麻油5克，姜片
适量

● 做法

①将鹅肉、白萝卜分别洗净切块。
②将所有材料放入砂锅中，加水500克，烧
开后，加入姜片和盐，改小火炖至酥烂。
③起锅前下味精，淋芝麻油即可。

● 营养功效

鹅肉有益气补虚、暖胃生津的功效；白萝卜
有开胃消食、清除便秘的功效。此汤具有利
五脏、治虚赢的作用，适用于倦怠少食、瘦
弱乏力、腰酸健忘等亚健康症状。

冬笋鸭块汤

● 材料

冬笋500克，母鸭1只（约1000克），
火腿肉25克

● 调料

料酒、盐、生姜末、味精各适量

● 做法

①母鸭斩块洗净。
②将冬笋洗净切成骨牌块；火腿肉洗净
切片。
③炒锅放入植物油烧热，将姜末炒出香
味，投入鸭块翻炒，加入料酒和冬笋块一
同翻炒，再添入适量的水和火腿肉片，调
入味精、盐即可出锅。

● 营养功效

冬笋有滋阴凉血、解渴除烦、养肝明目的功
效；鸭肉有增强免疫力、滋补营养的功效。此
汤有增强免疫力、调理肠胃的作用，适用于食
欲不振、眼睛酸胀、烦躁等亚健康症状。

绿豆鹌鹑汤

●**材料**　猪瘦肉100克，鹌鹑250克，水发银耳45克，红枣4颗，绿豆20克
●**调料**　盐4克

●**做法**

①将绿豆洗净泡发；瘦肉洗净切成厚块。
②鹌鹑洗净斩成块，与瘦肉块一起下入沸水中焯去血水后捞出。
③将绿豆下入锅中煮至熟烂，再下入所有材料一起煲25分钟，调入盐即可。

胡萝卜山药鲫鱼汤

●**材料**　鲫鱼1条，山药40克，胡萝卜30克
●**调料**　盐4克，葱段、姜片各2克

●**做法**

①将鲫鱼收拾干净；山药、胡萝卜去皮洗净，切块备用。
②净锅上火倒入水，下入鲫鱼、山药、胡萝卜、葱、姜煲至熟，调入盐即可。

鳝鱼苦瓜枸杞汤

●**材料**　鳝鱼300克，苦瓜40克，枸杞10克
●**调料**　高汤适量，盐少许

●**做法**

①将鳝鱼洗干净切段，汆水；苦瓜洗净，去籽切片；枸杞洗净备用。
②净锅上火倒入高汤，下入鳝段、苦瓜、枸杞烧开，煲至熟调入盐即可。

生鱼汤

●**材料** 红枣4颗，枸杞少许，生鱼头1个

●**调料** 盐4克，味精3克

●**做法**

① 鱼头收拾干净，沥水备用；红枣泡发洗净；枸杞泡发去杂质洗净。

② 将鱼头、红枣、枸杞一起放入汤盅内，加入开水，上笼蒸熟。

③ 取出调入盐、味精拌匀即可食用。

砂锅一品汤

●**材料** 猪肚600克，香菇200克，青菜、火腿各100克

●**调料** 盐3克，料酒15克，芝麻油2克

●**做法**

① 猪肚洗净切片，汆一下水；火腿切片；香菇、青菜洗净。

② 油锅烧热，放入猪肚、火腿，加料酒，炒至水干，加清水烧开，放入香菇，煲至快熟时，下入青菜。

③ 加盐调味，淋入芝麻油即可。

木瓜粉丝田鸡汤

●**材料** 木瓜450克，粉丝50克，田鸡400克

●**调料** 淀粉3克，姜丝5克，糖5克，盐4克，葱花适量

●**做法**

① 木瓜去皮洗净，切块；粉丝洗净。

② 田鸡去皮洗净，用油、姜丝、淀粉、糖、盐腌30分钟。

③ 锅内加水，煮沸后加粉丝、木瓜，至木瓜熟，加田鸡，小火煮熟，加盐，撒葱花即可。

中度亚健康，可以常喝这些汤

　　轻度身心失调若持续发展，就会进入中度亚健康，也叫"潜临床状态"。中度亚健康的表现比较错综复杂，可为慢性疲劳或持续的身心失调，且常伴有慢性咽痛、反复感冒、精力不支等。

饮食指导 ▶	①多吃含钙、磷的食物：含钙、磷的食物对于亚健康的失眠、健忘症状有一定的改善作用。这类食物包括大豆、菠菜、土豆等。 ②多食含维生素C的食物：适宜亚健康心理压力过大的患者食用，如：菠菜、嫩油菜、柑、橘、橙、草莓、芒果等。 ③上班前吃水果：早餐中一个水果可以补充大量的维生素，还可促进消化系统的消化。
煲汤食材 ▶	竹笋、胡萝卜、包菜、黄瓜、芹菜、大白菜、芥菜、黄花菜、山药、土豆、油菜、冬瓜、茭白、西红柿、洋葱、鸡肉、鱼肉、鸭肉、绿豆、百合、红枣、莲子等。

营养功效

木瓜有抗炎抑菌、降低血脂、美容护肤的功效；银耳有补脾开胃、益气清肠的功效。此汤有健胃消食、健脾理气的作用，适合中度亚健康人士食用。

木瓜银芽汤

● 材料

木瓜50克，银耳10克，香菇50克，红枣10颗，黄豆芽50克，胡萝卜少许

● 调料

盐适量

● 做法

①豆芽洗净；木瓜、胡萝卜均洗净，去皮，切条；香菇去蒂洗净；红枣洗净；银耳泡发洗净。

②起油锅，将黄豆芽炒香放入煲中。

③将备好的其他材料放入煲中，加水，以中火煮滚后，转小火慢慢煮60分钟，再加盐调味。

雪菜豆腐汤

● **材料**

豆腐400克，咸雪菜100克

● **调料**

盐、葱花、芝麻油、鲜汤各适量

● **做法**

①雪菜洗净切末，挤去水分。

②豆腐洗净，切小丁后下沸水中稍焯。

③锅上旺火，加油烧热，放入雪菜炒出香味，加鲜汤和豆腐丁烧沸，改小火炖一刻钟，放入葱花，加盐、芝麻油拌匀，即可食用。

● **营养功效**

豆腐有提神醒脑、保护心血管的功效；雪菜有开胃消食、温中理气的功效。此汤有调理气血、增强抗病能力的作用，适合中度亚健康人士食用。

桂圆山药红枣汤

● **材料**

桂圆肉100克，新鲜山药150克，红枣6枚

● **调料**

冰糖适量

● **做法**

①山药削皮洗净，切小块；红枣洗净。

②煮锅内加3碗水煮开，加入山药块煮沸，再下红枣。

③待山药熟透、红枣松软，将桂圆肉剥散加入。

④待桂圆之香甜味渗入汤中即可熄火，加冰糖提味。

● **营养功效**

桂圆有益气养血、健脾补心、抗衰老的功效；红枣有补中益气、养血安神的功效。此汤有益气养血、安神补心的作用，适合中度亚健康人士食用。

 # 银耳炖木瓜

● **材料**

木瓜1个，瘦肉、百合、银耳各10克

● **调料**

盐3克，味精1克

● **做法**

①将木瓜洗净，去皮切块；银耳洗净，泡发；瘦肉洗净，切块；百合洗净，沥水。

②炖盅中放水，将所有材料一起放入炖盅，先以大火烧沸，转入小火炖制 1～2 小时。

③炖盅中调入盐、味精拌匀即可食用。

● **营养功效**

银耳有补脾开胃、益气清肠、安眠健胃的功效；木瓜有抗炎抑菌、降低血脂、美容护肤的功效。此汤有强身健体、益气养血的功效，适合中度亚健康人士食用。

灯心草雪梨汤

● **材料**

灯心草3克，雪梨1个

● **调料**

冰糖10克

● **做法**

①将雪梨洗净，去皮、核，切块；灯心草洗净备用。

②锅内加适量水，放入灯心草，小火煎沸20分钟，加入雪梨块、冰糖，再煮沸即可食用。

● **营养功效**

灯芯草利水通淋，清心降火；雪梨能清热生津，润燥化痰。此汤有降血脂、清肺热、消水肿的功效，适合中度亚健康人士食用。

杨桃紫苏梅甜汤

● **材料**

杨桃1颗，紫苏梅4颗，麦门冬15克，天门冬10克

● **调料**

紫苏梅汁、冰糖、盐各适量

● **做法**

①将麦门冬、天门冬洗净，放入棉布袋；杨桃洗净，表皮以少量的盐搓洗，切除头尾，再切成片状。

②将全部材料放入锅中，以小火煮沸，加入冰糖搅拌溶化。

③取出药材，加入紫苏梅汁拌匀，待降温后即可食用。

● **营养功效**

杨桃有清热止渴、生津消烦、利尿解毒的功效；紫苏梅有宽中理气、生津止渴的功效。此汤有清热除烦、宽中理气的作用，适用于风热咳嗽、口渴烦躁、感冒等亚健康症状。

沙参百合汤

● **材料**

菊花10克，沙参、枸杞各适量，新鲜百合30克

● **调料**

冰糖适量

● **做法**

①百合剥瓣，洗净；沙参、枸杞、菊花分别洗净。

②沙参、菊花盛入煮锅，加3碗水，煮约20分钟，至汤汁变稠，加入剥瓣的百合和枸杞续煮5分钟，汤味醇香时，加冰糖煮至溶化即可。

● **营养功效**

沙参有清热养阴、润肺止咳的功效；百合有润肺清心、开胃安神的功效。此汤有滋阴润肺、开胃消食的作用，适用于食欲不振、百日咳等症状。

 # 松茸汤

● **材料**

干松茸20克，鸡块50克，人参、枸杞各10克

● **调料**

姜片5克，料酒、盐各适量

● **做法**

① 松茸去杂质洗净；鸡块洗净焯水去血腥；人参洗净。

② 砂锅放入水加姜片、料酒烧开后，放入鸡块、洗净的枸杞煮开，转小火煲半小时，加入人参、松茸转小火继续炖1小时。

③ 停火前20分钟加入适量的盐即可。

● **营养功效**

松茸有防治早衰、美容养颜的功效；鸡肉有温中益气、补精填髓、补虚损的功效。此汤有延缓衰老、滋阴养颜的作用，适合中度亚健康人士食用。

 # 杏仁汤

● **材料**

杏仁100克，猪肉50克，白果20克

● **调料**

高汤、葱花适量，盐4克，姜片3克

● **做法**

① 杏仁洗净；猪肉洗净切丁；白果洗净备用。

② 净锅上火倒入高汤，下入姜片、杏仁、猪肉、白果，调入盐煲至熟，撒葱花即可。

● **营养功效**

杏仁有镇咳平喘、促进消化的功效；猪肉有增强免疫力的功效。此汤有镇咳平喘、增强免疫力的作用，适用于咳嗽、痰多、感冒等亚健康症状。

莲子薏米汤

● 材料

猪肉100克，莲子50克，薏米30克，枸杞10克

● 调料

盐、高汤各适量，味精3克，葱花5克

● 做法

① 将猪肉洗净切成米粒状后汆水；莲子、薏米、枸杞分别洗净备用。

② 净锅上火倒入高汤，下入猪肉、莲子、薏米、枸杞煲至汤浓，调入盐、味精，撒上葱花即可。

● 营养功效

莲子有养心安神、健脑益智的功效；薏米有强筋骨、健脾胃、消水肿、清肺热的功效。此汤有提神醒脑、增强智力的作用，适合中度亚健康人士食用。

山药猪肉汤

● 材料

猪肉200克，山药25克

● 调料

盐4克，葱花5克

● 做法

① 将猪肉洗净、切丁、汆水；山药去皮、洗净、切丁备用。

② 净锅上火倒入水，下入猪肉、山药煲至熟，调入盐、撒入葱花即可。

● 营养功效

山药能提高免疫力、预防高血压；猪肉有滋养脏腑、润肤养胃、补中益气的功效。此汤有补中益气、增强免疫力的作用，适合中度亚健康人士食用。

苹果瘦肉汤

● 材料

瘦肉300克，苹果100克，无花果少许

● 调料

盐3克，鸡精2克

● 做法

①瘦肉洗净，切块；苹果洗净，切片；无花果洗净，取肉。

②瘦肉下沸水中氽去血污，捞出洗净。

③将瘦肉、苹果和无花果放入锅中，加入清水，炖2小时，调入盐和鸡精即可食用。

● 营养功效

苹果有消除疲劳、增强记忆力的功效；猪肉有增强免疫力的功效。此汤有提神除倦、提高智力、增强免疫力的作用，适合中度亚健康人士食用。

西芹排骨汤

● 材料

排骨60克，玉米棒、包菜、海带、西芹各50克

● 调料

盐2克，味精、料酒、酱油各适量

● 做法

①排骨洗净切段；玉米棒、包菜均洗净切块；海带洗净切块；西芹洗净切段。

②排骨加入盐、料酒腌渍。

③油锅注入清水烧开，放入玉米、包菜、海带同煮。

④加入排骨，调入盐，再入西芹煮熟，起锅前调入味精、料酒、酱油。

● 营养功效

西芹有补血降压的功效；排骨有增强抗病能力的功效。此汤有益气补血、增强免疫力的作用，适用于血管硬化、神经衰弱、食欲不振等症状。

胡萝卜大骨汤

● **材料**

玉米棒250克，胡萝卜100克，排骨100克，枸杞15克，花生米50克

● **调料**

盐4克

● **做法**

① 玉米棒洗净切块；胡萝卜洗净切块；排骨洗净切块；花生、枸杞洗净。

② 排骨放入碗中，撒上盐，腌渍片刻。

③ 烧沸半锅水，将玉米、胡萝卜焯水；排骨汆水，捞出沥干水。

④ 砂锅放适量水，煲沸腾后倒入全部原料，煮沸后转慢火煲2小时，加盐调味。

● **营养功效**

胡萝卜有健脾消食的功效；排骨有增强抗病能力的功效。此汤有促进消化、健脾强身的作用，适用于消化不良、咳嗽、眼部不适等症状。

西红柿猪肝汤

● **材料**

西红柿150克，猪肝200克

● **调料**

盐、味精、绍酒、姜末、白糖、胡椒粉、老汤、葱花各适量

● **做法**

① 猪肝洗净切片，用绍酒、姜末、盐腌渍；西红柿洗净，去皮，切块，加白糖腌渍。

② 起油锅，煸炒西红柿，添加老汤，煮滚。

③ 放入猪肝，使猪肝煮滚起锅，调入胡椒粉、味精，撒葱花即可。

● **营养功效**

西红柿有抗氧化、防癌的功效；猪肝有补血健脾、养肝明目的功效。此汤有强身健体、益气补血的作用，适用于贫血、头昏目眩、视力模糊等症状。

白萝卜炖牛肉

● **材料**

白萝卜200克，牛肉300克

● **调料**

盐4克，香菜段3克

● **做法**

① 白萝卜洗净去皮，切块；牛肉洗净切块，汆水后沥干。

② 锅中倒入水，下入牛肉和白萝卜煮沸，转小火熬约35分钟。

③ 加盐调好味，撒上香菜即可。

● **营养功效** ⋯⋯⋯⋯⋯⋯⋯⋯⋯

白萝卜有开胃消食、清除便秘的功效；牛肉有补中益气、滋养脾胃、强健筋骨的功效。此汤有促进消化、强身健体的作用，适合中度亚健康人士食用。

红枣核桃乌鸡汤

● **材料**

乌鸡250克，红枣8颗，核桃5克

● **调料**

精盐3克，姜片5克，葱花2克

● **做法**

① 将乌鸡收拾干净斩块汆水；红枣、核桃洗净备用。

② 净锅上火倒入水，调入精盐、姜片，下入乌鸡、红枣、核桃煲至熟，撒入葱花即可食用。

● **营养功效** ⋯⋯⋯⋯⋯⋯⋯⋯⋯

红枣有补中益气、养血安神的功效；乌鸡有滋阴补肾、养血益肝、清热补虚的功效。此汤有增强免疫力、益气养血的作用，适合中度亚健康人士食用。

香菇枸杞鸡汤

● **材料**

香菇50克，鸡500克，党参、胡萝卜各20克，枸杞10克

● **调料**

盐4克

● **做法**

1 将鸡肉洗净剁块；枸杞、党参洗净；胡萝卜洗净切片。
2 把鸡肉放入碟中，撒上盐，腌渍入味。
3 把香菇洗净，浸泡软后去蒂，捞出，打上"十"字刀花。
4 香菇、鸡肉、枸杞、党参、胡萝卜片入砂锅加水，煲至肉烂，调入盐即可。

● **营养功效**

香菇有抑制胆固醇升高、降低血压的功效；鸡肉有温中益气、补精填髓、补虚损的功效。此汤有调节血压、强身健体的作用，适合中度亚健康人士食用。

沙参老鸭煲

● **材料**

老鸭500克，沙参10克

● **调料**

盐4克，姜片5克，香菜段适量

● **做法**

1 老鸭洗净，斩块，氽水；沙参洗净备用。
2 净锅上火，倒入适量清水，下入老鸭、沙参、姜片煲熟，加盐调味，撒香葱段即可。

● **营养功效**

沙参有清热养阴、润肺止咳的功效；鸭肉有补血行水、养胃生津、止咳息惊的功效。此汤有滋阴健胃、养血止咳的作用，适合中度亚健康人士食用。

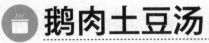 # 鹅肉土豆汤

- **材料**

鹅肉500克，土豆200克，红枣、枸杞各50克

- **调料**

芝麻油、盐、味精、料酒、姜片、葱段各适量

- **做法**

①鹅肉洗净氽水备用；土豆洗净切块。

②锅中下入姜片及洗净的枸杞、土豆、红枣和鹅块，调入盐、味精、料酒炖烂后，再炖约半小时，撒上芝麻油和葱段即可。

- **营养功效**

鹅肉有益气补虚、暖胃生津、利五脏、治虚羸的功效；土豆有排毒瘦身的功效。此汤有益气养血、强身健体的作用，适用于中气不足、咳嗽、倦怠少食等症状。

土茯苓乳鸽汤

- **材料**

乳鸽1只，土茯苓30克

- **调料**

姜10克，葱15克，盐4克，味精2克，胡椒粉3克，料酒15克

- **做法**

①乳鸽收拾干净斩成大块，入沸水中氽烫，去除血水；土茯苓洗净切片；姜洗净切片；葱洗净切段。

②砂锅中注水，放入乳鸽、土茯苓、姜片煮开，转用小火煲50分钟，调入盐、味精、胡椒粉、料酒煮入味，撒上葱段即可。

- **营养功效**

土茯苓有祛湿解毒的功效；鸽肉有补肾壮阳、缓解神经衰弱的功效。此汤有强身健体、补肾祛湿的作用，适用于肤质暗沉、情绪低落等症状。

虫草杏仁鹌鹑汤

● **材料**

冬虫夏草6克，杏仁15克，鹌鹑1只，
蜜枣3颗

● **调料**

盐4克

● **做法**

①冬虫夏草洗净，浸泡。

②杏仁温水浸泡，去红皮、杏尖，洗净。

③鹌鹑去内脏，洗净，斩件，汆水；蜜枣
洗净。

④将以上原材料放入炖盅内，注入沸水
800克，加盖，隔水炖4小时，加盐调味。

● **营养功效**

杏仁有润肺止咳、预防动脉硬化的功效；鹌
鹑肉有消肿、利水、补中、益气的功效。此
汤有益气养血、润肺止咳的作用，适用于咳
嗽、气喘、痰多等症状。

 # 马蹄百合生鱼汤

● **材料**

生鱼300克，马蹄100克，无花果、山
药、百合、枸杞各适量

● **调料**

盐少许

● **做法**

①生鱼宰杀收拾干净，切块，汆水；马蹄
去皮洗净；无花果、山药均洗净；百合、
枸杞泡发洗净。

②将上述原材料放入汤煲中，加入适量清
水，大火烧开后用中火炖2小时，加入盐
调味即可。

● **营养功效**

百合有润肺、清心、调中的功效；生鱼肉有
健脾利水、生肌补血的功效。此汤有营养滋
补之功，适用于神经衰弱、咳嗽、感冒、食
欲不振等症状。

胡萝卜鲫鱼汤

- ●材料　鲫鱼1尾，胡萝卜半根
- ●调料　精盐少许，葱段、姜片各2克

●做法

①鲫鱼收拾干净，在两侧切上花刀；胡萝卜去皮洗净，切方丁备用。

②净锅上火倒入水，调入精盐、葱段、姜片，下入鲫鱼、胡萝卜煲至熟即可。

金针鲤鱼汤

- ●材料　鲤鱼1尾，金针菇400克
- ●调料　盐、料酒、香菜段、枸杞、姜片、高汤各适量

●做法

①鲤鱼收拾干净；金针菇择洗干净，切成段；将枸杞洗净泡好，备用。

②起油锅，加入高汤，入鲤鱼、姜片，烹入料酒，用旺火烧开后改小火焖熟，放入金针菇、枸杞，加入盐，除去姜片，盛入汤盆中，撒上香菜，即可。

黄芪红枣生鱼汤

- ●材料　生鱼300克，山药100克，红枣4颗，红豆、黄芪、枸杞各适量
- ●调料　盐少许

●做法

①山药洗净，去皮，切厚片；红枣、黄芪均洗净浮尘；红豆、枸杞洗净泡软。

②生鱼洗净，去皮，切长段，放入加水的汤锅，用大火烧沸后撇去浮沫。

③加入山药、红枣、红豆、黄芪、枸杞，用小火炖2小时，调入盐即可。

带鱼黄芪汤

●**材料** 带鱼500克，黄芪30克，炒枳壳10克

●**调料** 盐、葱段、姜片各适量

●**做法**

①将黄芪、枳壳洗净，装入纱布袋中，扎紧口，制成药包。

②将带鱼去头，斩成段，洗净。

③将鱼段下入锅内稍煎，锅中再放入清水，放入药包、盐、葱段、姜片，煮至鱼肉熟，捡去药包、葱、姜即可。

黄花鱼汤

●**材料** 黄花鱼1尾

●**调料** 盐4克，香菜末3克

●**做法**

①将黄花鱼宰杀后收拾干净备用。

②净锅上火倒入水，下入黄花鱼，加适量清水煮开，煲至熟，加入盐调味，撒入香菜末即可。

党参鳝鱼汤

●**材料** 鳝鱼175克，党参3克

●**调料** 盐4克，味精2克，葱段、姜末各3克

●**做法**

①将鳝鱼收拾干净切段；党参洗净。

②锅上火倒入水烧沸，下入鳝段汆水，至没有血色时捞起备用。

③净锅上火倒入油，将葱、姜、党参炒香，再下入鳝段煸炒，倒入水，煲至熟，加盐、味精调味即可。

参麦泥鳅汤

● **材料**　太子参20克，浮小麦、泥鳅、猪瘦肉各150克，蜜枣3颗
● **调料**　盐4克

● **做法**
① 太子参、浮小麦洗净，用棉布袋装好。
② 猪瘦肉洗净切块；蜜枣洗净；泥鳅收拾干净，用开水略烫，锅中下油，将泥鳅煎至两面金黄色。
③ 瓦煲内加入全部原料，用小火煲2小时，除去棉布袋，加盐调味即可。

绿豆田鸡汤

● **材料**　田鸡300克，绿豆、海带各50克
● **调料**　盐、鸡精各4克

● **做法**
① 田鸡收拾干净，去皮，切段，汆水；绿豆洗净，浸泡；海带洗净，切片，浸泡。
② 锅中放入田鸡、绿豆、海带，加入清水，以小火慢炖。
③ 待绿豆熟烂之后调入盐和鸡精即可。

醉花菇

● **材料**　花菇100克，腩排300克
● **调料**　盐4克，川椒6粒，上汤适量

● **做法**
① 花菇用冷水浸软，去蒂，沥干水；腩排洗净斩块。
② 砂锅上火，将花菇放入锅底，腩排铺在花菇上，加入川椒粒，倒入上汤。
③ 用小火炖约1小时，取出加入盐即可。

4

更年期，常喝这些汤可静心安神

● 时至今日，汤已经从最初单纯的填饱肚子发展为防病的手段之一。随着社会的进步和发展，汤已经成为一种保健品，对预防疾病，增强体质，延年益寿起到了药物达不到的作用。本章为读者介绍了多种缓解更年期症状的汤谱，希望大家能够喝出健康。

什么是更年期

更年期，对女性来说，是指卵巢功能从旺盛状态逐渐衰退到完全消失的一个过渡时期，包括绝经和绝经前后的一段时间。对男性来说，是指50～60岁这一阶段。更年期易发生浑身燥热、眩晕、心悸，眼前有黑点或四肢发凉等症状，需要特别注意保养。

女性更年期包括绝经前期、绝经期和绝经后期三个阶段。一般从45岁开始，持续10～15年。在这一时期，由于卵巢功能减退，引起植物神经功能紊乱，导致90%以上的妇女都会出现一系列不同程度的症状，称为更年期综合征，如月经出现变化、面色潮红、心悸、失眠、抑郁、情绪不稳定、易激动等。

导致妇女更年期出现一系列变化的原因主要是卵巢功能的改变。在这期间，随着年龄增长，卵巢中已无足够的卵泡发育，雌激素的分泌越来越少，卵巢功能逐渐降低至消失。在绝经过渡期，孕激素首先降低到正常水平的1%左右，雌激素水平则无规律波动造成绝经症状。

妇女绝经后，雌激素的水平下降到绝经前正常水平的20%左右。在长期雌激素、孕激素缺乏的情况下，依赖雌激素、孕激素维护其功能的器官或组织可能会产生功能衰退、结构变异甚至病变。如内分泌失调、精神神经症状、心血管疾病、骨质疏松、乳腺和子宫内膜癌及老年性阴道炎等。

更年期是妇女由生育期过渡到老年期的一个必经的生命阶段。更年期妇女由于生理改变，机体一时不能适应而出现的一系列综合症状称为更年期综合征，中医则把它归属于"脏躁"范畴。

女性更年期综合征的治疗，应以补脾肾、调冲任为主，兼以疏肝、理情志、节嗜欲、适劳逸、慎起居，以配合治疗。而以养心益脾、补肾润燥为主的饮食治疗，不仅有较好的效果，而且可以强壮体质。

女性更年期综合征治疗

男女都有更年期

男性也有更年期，男性更年期综合征是指男子在一定年龄内，骤然发生的各种反常心理状态，并由此产生的各种各样、轻重不同的临床表现。

男性更年期综合征多发于50～60岁的男性，程度的轻重也很不相同，轻者可没有感觉，重者反应较明显。

在临床表现上，常见的男性更年期

◎白领常因工作压力大，而成为男性更年期综合征的高发人群。

春期与壮年期的山头走下来，进入另一个生活的开始。

当男性年龄超过30岁以后，男性激素的水平就会渐渐下降，可能还会出现一些跟女性更年期相类似的症状。但是，男性更年期的现象比女性更年期更受争议，其中一个重要原因就是女性更年期有明显的停经过程，而男性更年期却没有类似的明显迹象。

男性激素是由睾丸及肾上腺制造的，会影响多个身体系统功能。男性激素能帮助制造蛋白质，对于勃起及正常性行为亦十分重要，它更会影响多项身体新陈代谢的过程，包括骨髓制造血液细胞、骨的形成、脂质及碳水化合物的代谢、肝功能及前列腺生长。

30岁以后男性激素的水平每十年下降大约10%。男性更年期和较低的男性激素水平有关。每一个男性都会经历男性激素下降的现象，但有些男士的男性激素水平可能较其他男士为低，他们更可能出现男性更年期的症状。

综合征有：在精神心理方面，注意力不集中，办事缺乏信心，工作能力减弱，记忆力、应变力均较差，处理事情优柔寡断，陷于悲伤、焦虑、猜疑、偏执、烦恼状态中，自觉体力不支，需要更多的休息才能应付日常工作。性功能方面，患者性欲、性反应、性能力持续减弱，性交不应期延长，精液量减少，精子质量下降，有时出现阳痿、早泄。在其他方面，患者还可出现头晕耳鸣，失眠多梦，食欲不振，大便秘结或稀溏，小便短少或清长等多脏腑功能失调的症状。

除了年龄因素以外，男性更年期还存在高发人群。他们常常有下列几种情况：工作生活压力大，如白领，尤其是经理以上职务者等；患有慢性疾病，如糖尿病、抑郁症、心血管疾病等；有不良生活方式，如抽烟、酗酒等；生活环境恶劣；缺乏体育运动；腹部肥胖等。

更年期是人生阶段的一个重要组成部分，男性更年期就像是登山，是从一座青

◎男性进入更年期后，男性激素的水平就会逐渐下降。

更年期的具体表现

更年期是男女生命中一个自然的现象。妇女到了45~55岁这个年龄段，卵巢开始缺乏足够的卵泡来接受脑下垂体分泌的刺激，以致周期性的雌激素及孕激素越来越少，影响子宫内膜周期性的增厚、剥落及出血。结果月经周期变得不规则，时早时迟，经量时多时少。一般而言，这些情况会持续一段时期，直至月经不来。当妇女超过一年没有月经，才可以说是绝经了。

那么，女性更年期综合征的表现主要有哪些呢？下面我们列表分述。

症状	主要表现
月经紊乱	女性更年期综合征最普遍同时也最为突出的一个症状表现就是月经紊乱。女性朋友在到了更年期之后，月经经常延迟，甚至几个月才来潮一次，经量也逐渐减少。当雌激素越来越少，已不能引起子宫内膜变化时，月经就停止了，称为绝经。
神经和精神障碍	有一些女性朋友在到了更年期以后，血压会出现较为明显的上下波动情况；绝大部分更年期女性可能有情绪不稳定、易激动、性格发生变化、记忆力减退等更年期综合征症状表现。
心血管及脂代谢障碍	许多女性朋友在更年期还往往会产生心血管症状以及脂代谢障碍的情况，甚至还有可能会引起冠心病、糖尿病等严重疾病。

一般而言，妇女在45岁左右就出现卵巢功能衰退、体内雌激素降低的现象，开始步入更年期，伴随出现潮热、出汗、情绪不稳定、发脾气、紧张、失眠、心悸、气短、记忆力减退、腰背痛、疲倦、月经紊乱、性欲减退、皮肤出现皱纹、长色斑、体胖、皮肤的弹性也随之减弱等症状。

男性更年期综合征则会出现以下一些表现。

症状	主要表现
肌肤老化	皮肤老化最早是从脸部的皱纹开始，接着是颈部、手脚的皮肤也会日渐松弛、下垂。这是因脂肪与弹性组织逐渐减少所致。
心血管老化	随着年龄增长，心脏常有肥大、心内膜增厚的现象，这可能是因为心脏结缔组织增加，类质脂沉积，心脏各瓣膜和其他结构钙化所致。此外，血管弹性变差、变硬，动脉硬化、血管变窄等血管毛病也可能陆续出现。

（接上表）

血管调节失常	有时会像孩子一样浑身发热，甚至踢被子、燥热不安、头痛、眩晕、心悸等。
消化器官老化	随着年龄增长，消化器道平滑肌的纤维及腺体会逐渐萎缩，胃黏膜也会日渐变薄，而结肠及胃腔则会慢慢扩大，失去弹性。这些改变是逐渐发生的，所以大多无自觉症状。但若不节制饮食，注意卫生，保持情绪稳定，则将明显诱发。
神经系统老化	脑是神经系统的中枢，随着身体功能的老化，脑组织也会逐渐萎缩，此时，神经细胞、神经纤维和感受器官细胞数量都会慢慢减少。
精神与神经症状	如神经过敏，急躁，倦怠，常有压抑感，记忆力、思考力和集中力减退，失眠，产生孤独、恐惧感，缺乏自信等。
骨骼老化	男性在55～65岁，女性在35～45岁，骨骼组织将加速流失，使骨骼中海绵状小孔增多，导致骨骼软化、肋间肌萎缩、驼背等现象。
肝肾阴虚	症状呈现为眩晕腰酸、耳鸣盗汗、烦躁易怒、面赤升火、手足心热、口干咽燥、小便短赤、舌质红、脉细弦数。
泌尿器老化	50岁左右，人体的肾小球滤过率将逐渐减退，血中尿素氮开始上升，肾小管功能明显降低，尿浓缩功能也急剧低下。所以，进入更年期以后，男性常常会自觉夜间尿多或有残尿感。还有心肾不交症状：心烦失眠、心悸不安、眩晕、腰酸、健忘、五心烦热、舌质淡红、脉细数。
生殖器官老化	男性进入更年期之后，生殖器官也会出现明显老化现象，这是因为性腺功能逐渐减退所致；也是影响老年人性格、情绪和思维最重要的一环，如果不以健康的想法面对，将导致"更年期征候群"的产生。
性功能减退	常见有性欲淡漠、消失或阳痿。

🍲 更年期的危害

女性生命的三分之一时间将在绝经（更年期最突出的表现）后度过。因此，必须重视和做好更年期不同时期的预防和保健措施，否则就会受到危害，具体有以下几种表现。

肥胖：一般超过正常体重15%者为肥胖，更年期是女性发胖的主要时期，尤其是腹部及臀部等处的脂肪最容易堆积起来。

皮肤恶化：皮肤、毛发均发生明显变化，皮肤干燥，弹性逐渐消失，时有瘙痒，出现皱纹，特别是暴露处（如面、颈、手等部位）更为明显。

骨质疏松：骨强度减弱，骨代谢负平衡，容易出现骨折现象，平均每日丢失50毫克钙，常有腰腿痛、背痛、身高减低等，稍用力即骨折。

性欲减退：阴毛及腋毛脱落，性欲衰退，阴道分泌物减少，性交时出现疼痛感，继而导致了性生活次数的减少或厌恶性生活情绪的发生。

肿瘤易发：更年期为常见肿瘤的高发年龄，常见的有子宫肌瘤、子宫颈癌、卵巢肿瘤等。

植物神经功能紊乱：主要表现为头晕目眩，口干，喉部有烧灼感，思想不易集中，而且紧张激动，情绪复杂多变，性情急躁，失眠健忘。

月经失调：月经量逐渐减少，周期逐渐延长，经期缩短，以致逐渐停经。但有时候也会出现月经量增多，并伴有大量血块等情况出现。

男性在进入更年期之后，主要受到的危害有以下各项。

精力不济：处于更年期的男性，由于雄激素水平下降，肌肉变得萎缩，这使更年期男性明显感到乏力。

肥胖：更年期男性体内雌激素/雄激素水平比值会明显增高，脂肪沉积在体内，于是，部分更年期男性会出现肥胖的症状。

性欲减退：主要表现为更年期雄激素水平下降，性欲下降，性冲动、性幻想频度明显减少，勃起功能障碍等。

记忆力下降、工作效率降低：随着雄激素水平的下降，更年期的男性会表现出说不清原因的健忘，变得情绪低落、思想保守和畏惧困难，工作效率也有一定程度的下降。

关节疼痛、易骨折：大量临床观察已经证明，性腺功能降低导致雄激素水平下降的男性，其骨密度水平明显低于正常对照者，这类人群容易发生骨关节疼痛症状，骨折的危险性也明显增高。

如何顺利度过更年期

无论是妇女或男子的更年期，都是人类生命过程中的正常发展阶段，既是生理性的，也是心理性的。注重讲究心理卫生，则更有助于顺利地度过更年期。

科学地理解更年期是生命的必然过程： 更年期是人生长发育成熟转向衰退的转折时期，是生命的必然过程，是不以人的意志为转移的自然规律。

每个人对更年期的反应及其征象，只有程度轻重、时间长短的差别，而不存在没有更年期的情况。将进入和已进入更年期的人，尤其是妇女，要有准备地去迎接这一变化。要努力提高自我控制能力，有意识地去控制更年期的各种症状，对于症状带来的苦恼，要善于自我宽解，适当调理，使机体功能早日恢复平稳。切忌盲目疑虑，无休止地寻找和探求自己身上所出现的任何一点不适，以免食不甘味，睡不安席。须知，心理不安宁可进一步促使机体功能失调。

正确对待症状，有病早治，适当调整： 人到更年期不论有无症状出现，都应该主动地、积极地进行常规的健康体检，如果发现器质性疾病就应积极治疗，要是出现更年期反应，则主要通过自我调理来解决而不必介意。

应该指出的是，对男性在更年期出现某些症状时，决不可轻易下结论。因为男性这一时期内脏器质性疾病发病率也比较高。例如恶性肿瘤、高血压病、脑动脉硬化症等，早期也出现类似更年期综合征的症状，所以必须仔细检查，以免延误器质性疾病的诊断和治疗。

此外，更年期抑郁症也很常见，但却往往不被注意，患者往往误认为不过是精神不快而已，这是特别要注意的。抑郁症患者常常由于机体虚弱、精力不足、皮肤松弛、年老色衰而感到悲哀，加重了更年期紧张不安、焦虑抑郁的情绪，因而坐卧不安、顿足叹息、惶惶不可终日。有的常视自己过去生活中的一些缺点为莫大的罪过，担心自己将失去能力，变成废人，成为家庭和社会的累赘，自责自罪，甚至产生轻生念头和发生自杀行为。也有的认为自己已病入膏肓，危在旦夕。抑郁症是一种严重的疾病，因此必须及时诊治。

总之，处于更年期的人，对个人、家庭和社会，都要有正确的认识和评价，要合理地对待。子女亲属也要对更年期的人有所了解。如果他们出现某些症状如烦躁、发怒时，需要家庭成员的谅解，以使他们平稳度过更年期。

◎家人、亲属的陪伴和关怀，可以帮助更年期患者更加平稳地度过此阶段。

🍲 女性更年期，可以常喝这些汤

女人到了更年期，身体各方面都出现衰老迹象，抵抗力也急骤下降，因此在饮食方面更加不能忽视营养的补充。中医认为更年期综合征是肾气不足、天癸衰少，以至阴阳平衡失调造成的。因此在治疗时，主要以补肾气、调整阴阳为主。

饮食 指导 ▶	①控制体重：每餐饭不要吃得过饱，主食要适当限制，可多食用粗粮。少食煎炸油腻食物及含糖分多的零食、水果。可多吃绿叶蔬菜。 ②烹调要用植物油：因为大多数动物油可使胆固醇增高，而植物油不仅能促进胆固醇的代谢，还能供给人体多种不饱和脂肪酸。 ③限制高胆固醇食物，多摄入高蛋白质及微量元素丰富的食物：少吃动物脑、鱼子、蛋黄、肥肉、动物内脏等。
煲汤 食材 ▶	甲鱼、木耳、银耳、豆腐、木瓜、百合、燕窝、枸杞、红枣、山药、黑豆、鸡爪、莲子、板栗、鸽子、灵芝、土鸡、泥鳅、薏米、红豆、乌鸡、桂圆、当归、苹果、鲫鱼等。

🍲 莲子山药甜汤

● 材料

银耳10克，莲子50克，百合50克，红枣6颗，山药100克

● 调料

冰糖适量

● 做法

①银耳及莲子洗净，泡发备用。
②红枣洗净划几个刀口；山药洗净，去皮，切成块。
③银耳、莲子、净百合、红枣同时入锅煮约20分钟，待莲子、银耳煮软，将准备好的山药放入一起煮，加入冰糖调味即可。

● **营养功效** ⋯⋯⋯⋯⋯⋯⋯⋯⋯

莲子有清心醒脾、安神的作用；山药可提高免疫力。此汤有静心安神的功效，更年期女性可食用。

莲子百合汤

● **材料**

莲子50克，百合10克，黑豆300克，陈皮1克

● **调料**

鲜椰汁适量，冰糖30克

● **做法**

① 莲子用滚水浸半小时，再煲煮15分钟，倒出冲洗；百合、陈皮浸泡，洗净；黑豆洗净，用滚水泡浸1小时以上。

② 水烧滚，下黑豆，用大火煲半小时，下莲子、百合、陈皮，中火煲45分钟，改慢火煲1小时，下冰糖，待溶，入椰汁即成。

● **营养功效**

莲子有安神明目、健脾补胃的作用；百合可清心安神。此汤有补中宁神的功效，有助于缓解更年期症状。

 # 百合桂圆蜜汤

● **材料**

干桂圆250克，百合40克

● **调料**

鲜姜汁20克，蜂蜜250克

● **做法**

① 将干桂圆去掉壳，再将桂圆肉、百合分别用清水洗净。

② 将桂圆、百合放入锅内，加水适量，煮至熟烂。

③ 加入姜汁，小火煮沸，待冷至65℃以下时，放入蜂蜜调匀即可。

● **营养功效**

桂圆有补益心脾、养血宁神的作用；百合可以清心养颜。此汤有补益养颜的作用，可以在很大程度缓解女性更年期症状。

 # 木瓜冰糖炖燕窝

- **材料**

木瓜1个，燕窝50克

- **调料**

冰糖适量

- **做法**

①木瓜去皮、去籽，洗净备用；燕窝用水泡发，备用。

②锅中水烧开，将洗净的木瓜、泡发的燕窝，一起入锅，先用大火烧开，再转为小火隔水蒸30分钟，出锅调入冰糖（或冰糖水）即可。

- **营养功效** ⋯⋯⋯⋯⋯⋯⋯⋯⋯⋯⋯⋯

木瓜有护肝降酶、降低血脂的作用；燕窝滋阴润肺、补脾益气。此汤有滋阴补益的功效，利于更年期女性食用。

 # 白果腐竹薏米汤

- **材料**

白果15克，腐竹100克，陈皮10克，薏米50克，黑枣5枚

- **调料**

盐适量

- **做法**

①白果取肉，沸水浸去外层；薏米和陈皮分别洗净浸透；黑枣去核，洗净。

②腐竹洗净浸软，切短段。

③瓦煲加水烧开，放入白果肉、陈皮、薏米和净黑枣，待水再滚起，改中火续煲2小时，入腐竹并以盐调味，再煲30分钟即可。

- **营养功效** ⋯⋯⋯⋯⋯⋯⋯⋯⋯⋯⋯⋯

薏米可以健脾胃、清肺热；白果有补气润肺的效果。此汤有祛湿补气的功效，利于更年期女性食用。

双耳桂圆蘑菇甜汤

● 材料

木耳、银耳各12克，蘑菇10克，桂圆肉8克

● 调料

盐5克，白糖2克，香菜段少许

● 做法

① 木耳泡发洗净；银耳洗净撕成小朵；蘑菇洗净撕成小块；桂圆肉泡至回软备用。

② 汤锅上火倒入水，下入木耳、银耳、蘑菇、桂圆肉，调入盐、白糖煲至熟，撒香菜即可。

● **营养功效**

蘑菇可以改善人体新陈代谢、增强体质；桂圆养血宁神。此汤有强身宁神的功效，女性更年期可食用。

 # 芸豆虾皮汤

● 材料

芸豆200克，虾皮8克

● 调料

盐、味精各2克，芝麻油3克

● 做法

① 将芸豆择洗净，切丝；虾皮洗净备用。

② 锅上火倒入水，下入芸豆、虾皮煲至熟，加盐、味精调味，淋入芝麻油即可。

● **营养功效**

芸豆可增强人体抗病能力和降低胆固醇；虾皮能清热、降血压。此汤可健体凉血，适宜更年期女性食用。

 # 冬瓜薏米瘦肉汤

● **材料**

冬瓜300克，瘦肉100克，薏米20克

● **调料**

盐5克，鸡精5克，姜10克

● **做法**

①瘦肉用清水洗净，切块，汆水；冬瓜去皮，用清水洗净，切块；薏米用清水洗净，浸泡；姜用清水洗净，切片。

②将瘦肉、冬瓜、姜片和薏米均放入锅中，加入适量水，大火煮开。

③调入盐和鸡精，转小火再稍炖一下即可。

● **营养功效**

冬瓜可调节人体的代谢平衡，久食有抗衰老的作用；薏米健脾清热。此汤有延缓衰老的功效，适宜更年期女性食用。

莲子百合干贝煲瘦肉

● **材料**

瘦肉300克，莲子、百合、干贝各少许

● **调料**

盐、鸡精各4克

● **做法**

①瘦肉洗净，切块；莲子洗净，去心；百合洗净；干贝洗净，切丁。

②瘦肉放入沸水中汆去血水后捞出洗净。

③锅中注水，烧沸，放入瘦肉、莲子、百合、干贝慢炖2小时，加入盐和鸡精调味即可。

● **营养功效**

干贝滋阴补肾、调中下气；莲子有安神明目、健脾补胃的作用。此汤有滋阴安神的功效，利于更年期女性食用。

无花果瘦肉汤

● 材料

瘦肉300克，无花果、山药各少许

● 调料

盐4克，鸡精4克

● 做法

① 瘦肉洗净，切块；无花果洗净；山药洗净，去皮，切块。

② 瘦肉氽水备用。

③ 将瘦肉、无花果、山药放入锅中，加适量清水，大火烧沸后以小火慢炖至山药酥软之后，加入盐和鸡精即可。

● 营养功效

无花果能有效平衡和补充人体所需的营养；猪肉滋阴润燥、补虚养血。此汤营养丰富，利于更年期女性食用。

百合桂圆瘦肉汤

● 材料

瘦肉300克，桂圆、百合各20克

● 调料

盐4克

● 做法

① 瘦肉洗净，切块；桂圆去壳；百合洗净。

② 瘦肉氽去血水，捞出洗净。

③ 锅中注水，烧沸，放入瘦肉、桂圆、百合，大火烧沸后以小火慢炖1.5小时，加入盐调味，出锅装入炖盅即可。

● 营养功效

猪肉补中益气、滋阴养胃；百合有清心养颜的功效。此汤可以益气养颜，更年期女性食用可以美容。

 # 灵芝石斛鱼胶猪肉汤

● **材料**

瘦肉300克，灵芝、石斛、鱼胶各适量

● **调料**

盐4克，鸡精4克

● **做法**

①瘦肉洗净，切块，汆水；灵芝、鱼胶洗净，浸泡；石斛洗净，切片。

②将瘦肉、灵芝、石斛、鱼胶放入锅中，加入清水慢炖。

③炖至鱼胶变软散开后，调入盐和鸡精即可食用。

● **营养功效**

灵芝对失眠、衰老的防治作用十分显著；石斛滋阴养胃。此汤有滋阴安神之功效，利于更年期女性食用。

 # 熟地羊肉当归汤

● **材料**

羊肉175克，熟地2克，当归8克

● **调料**

盐4克，香菜段3克

● **做法**

①将羊肉用清水洗净，切成片备用；熟地、当归分别洗净。

②汤锅上火，倒入适量清水，下入羊肉，调入盐及熟地、当归煲至熟，撒入香菜即可。

● **营养功效**

当归有补血、活血、润肠的功效；羊肉益气补虚、散寒祛湿。此汤有补血补气的作用，适合更年期女性食用。

红枣炖兔肉

● 材料

兔肉500克，红枣25克，马蹄50克

● 调料

生姜1片，盐4克

● 做法

①兔肉用清水洗净，切块；红枣、马蹄分别用清水洗净。

②把兔肉、红枣、马蹄、生姜片一起放入炖盅内，加开水适量，盖好，隔水炖1～2小时，加盐调味，即可出锅，装盘食用。

● 营养功效

兔肉补中益气、健脾养胃；红枣补脾和胃、益气生津。此汤可以补中益气，更年期女性适合食用。

当归炖猪心

● 材料

鲜猪心1个，党参20克，当归15克

● 调料

葱丝、姜丝、盐、料酒各适量

● 做法

①猪心收拾干净，剖开；党参、当归洗净，再一起放入猪心内，用竹签固定。

②在猪心上，撒上葱、姜、料酒，再将猪心放入锅中，隔水炖熟。

③去除药渣，再加盐调味，即可出锅。

● 营养功效

猪心可以加强心肌营养，增强心肌收缩力；当归有补血活血之功效。此汤补血强心，利于更年期女性食用。

 # 枸杞香猪尾汤

● 材料

猪尾150克，枸杞适量

● 调料

盐3克

● 做法

①猪尾洗净，剁成段；枸杞洗净，浸水片刻。

②净锅入水烧沸，下猪尾氽透，捞出洗净。

③将猪尾、枸杞放入瓦煲内，加入适量清水，大火烧沸后改小火煲1.5小时，加盐调味即可。

● **营养功效**

枸杞养阴补血、滋补肝肾；猪尾可缓解自汗、失眠症状。此汤有滋阴补虚的功效，利于更年期女性食用。

黑豆猪骨汤

● 材料

猪骨200克，黑豆100克

● 调料

盐3克

● 做法

①猪骨洗净，斩件；黑豆洗净，浸泡30分钟。

②锅入水烧开，氽尽猪骨表皮血水，捞出洗净。

③将猪骨、黑豆放入瓦煲，注入清水以大火烧沸，改用小火炖2小时，加盐调味即可。

● **营养功效**

黑豆可辅助治疗肾虚阴亏、肾气不足等症；猪骨补中益气、养血健骨。此汤有补肾健骨之功效，女性更年期可食用。

排骨玉竹板栗汤

● 材料

排骨350克，板栗200克，玉竹100克

● 调料

盐少许，味精3克，高汤适量

● 做法

①将排骨用清水洗净、斩块、汆水；将板栗去掉皮，用清水洗净；将玉竹用清水洗净，备用。

②净锅上火倒入高汤，调入盐、味精，放入排骨、板栗、玉竹煲至熟即可。

● 营养功效

板栗可以补肾强骨；排骨有补中益气、养血健骨的作用。此汤益气健骨，经常食用有利于缓解女性更年期症状。

章鱼猪尾煲红豆

● 材料

章鱼、猪尾各70克，红豆10克

● 调料

盐、鸡精各适量

● 做法

①章鱼收拾干净，切片；猪尾洗净，斩段；红豆洗净，浸水片刻。

②锅入水烧开，下入猪尾滚尽血渍，捞起洗净。

③将章鱼、猪尾、红豆放入瓦煲，倒水后用大火烧沸，改小火炖煮2小时，加盐、鸡精调味即可。

● 营养功效

章鱼具有补气养血、收敛生肌的作用；红豆滋补强壮、健脾养胃。此汤益气养血，利于更年期女性食用。

● 营养功效

山药能提高免疫力、降低胆固醇；猪血有清血化瘀的作用。此汤可以提高免疫力，利于更年期女性食用。

山药炖猪血

● **材料**

猪血100克，鲜山药适量

● **调料**

盐、味精各适量

● **做法**

① 鲜山药洗净，去皮，切片。

② 猪血切片，放开水锅中焯一下捞出。

③ 猪血与山药片同放另一锅内，加入油和适量水烧开，改用小火炖15～30分钟，加入盐、味精即可。

● 营养功效

猪肚有补虚损、健脾胃的功效；白果有补气润肺的效果。此汤补虚补气，适合更年期女性食用。

白果猪肚汤

● **材料**

猪肚180克，白果40克，大枣4颗

● **调料**

盐1克，胡椒粉、姜各适量

● **做法**

① 猪肚洗净后切片；白果洗净去壳；姜洗净去皮切片。

② 锅中注水烧沸，入猪肚汆去血沫，捞出备用。

③ 将猪肚、白果、大枣、姜放入砂煲，倒入适量清水，用小火熬2小时，调入胡椒粉和盐即可。

莲藕黑豆猪蹄汤

● **材料**

莲藕750克，陈皮10克，猪蹄1只，红枣4颗，黑豆100克

● **调料**

盐少许

● **做法**

① 红枣洗净；莲藕洗净去皮切块；猪蹄刮净，斩块，煮5分钟，捞起洗净；黑豆入锅炒至豆衣裂开，再洗净沥干；陈皮洗净。

② 瓦煲加水，先用大火煲至水开，然后放入全部材料，待水再开改用中火继续煲3小时，加入盐调味。

● **营养功效**

莲藕有滋阴养血的功效；黑豆可辅助治疗肾虚阴亏、肾气不足等症。此汤滋阴补肾，适合更年期女性食用。

木耳海藻猪蹄汤

● **材料**

猪蹄150克，海藻10克，黑木耳、枸杞各少许

● **调料**

盐、鸡精各3克

● **做法**

① 猪蹄洗净斩块；海藻洗净浸水片刻；黑木耳洗净泡发撕片；枸杞洗净泡发。

② 猪蹄入沸水去血水。

③ 将猪蹄、枸杞放入砂煲，倒上适量清水，大火烧开，下入海藻、黑木耳，改小火炖煮1.5小时，加盐、鸡精调味即可。

● **营养功效**

黑木耳有抗癌养胃的功效；海藻可降血脂、血压。此汤有养胃凉血的功效，利于更年期女性食用。

● 营养功效

猪蹄对神经衰弱等有良好的缓解作用；木瓜护肝降酶、降低血脂。此汤有美容安神的功效，利于更年期女性食用。

木瓜猪蹄汤

● 材料

猪蹄1只，木瓜175克

● 调料

盐4克

● 做法

①将猪蹄用清水洗净、斩块、氽水后捞出沥干；木瓜收拾丁净，切成块，备用。

②净锅上火，倒入适量清水，加入盐调味，再下入猪蹄煲至快熟时，再下入木瓜煲至熟即可。

● 营养功效

田鸡能延缓机体衰老，润泽肌肤；木耳抗癌养胃。此汤可以延缓衰老，因而适宜更年期女性食用。

木耳炖田鸡

● 材料

田鸡500克，水发木耳50克，熟香肠50克

● 调料

盐、料酒、醋、姜末、葱花各适量

● 做法

①田鸡去皮去内脏，洗净切块，放入碗内，加盐、料酒腌渍；香肠切丁；木耳洗净，撕小片。

②油烧热，放入姜末、葱花煸香，加入适量清水，入香肠丁、田鸡块、木耳、料酒，大火烧沸后改用小火炖至熟烂，加盐、醋调味即成。

椰汁银耳鸡汤

● **材料**

水发银耳150克，鸡块45克，椰子汁适量

● **调料**

盐、香菜段各少许

● **做法**

①将水发银耳用清水洗净，再撕成小朵；将鸡块用清水洗净后余水，再捞出沥干，备用。

②净锅上火倒入椰子汁，下入银耳、鸡块，烧沸煲至熟，调入盐，撒香菜段即可。

● **营养功效**

银耳益气清肠、安眠健胃；椰子清肝润肺、化瘀消炎。此汤益气安眠，特别是对更年期女性的补益效果尤其显著。

何首乌黑豆煲鸡爪

● **材料**

鸡爪8只，猪瘦肉100克，黑豆20克，红枣5颗，何首乌10克

● **调料**

盐3克

● **做法**

①鸡爪斩去趾甲洗净，备用。

②红枣、首乌洗净泡发，备用。

③猪瘦肉洗净，余烫去腥，沥水备用。

④黑豆洗净放锅中炒至豆壳裂开。

⑤全部用料放入煲内加适量清水煲3小时，下盐调味即可。

● **营养功效**

黑豆补虚损、生肌肉；何首乌补肝益肾、养血祛风。此汤有补虚益肾的功效，更年期女性适量食用，有很好的疗效。

 # 板栗鸡爪汤

● **材料**

鸡爪250克，猪瘦肉500克，板栗150克，核桃100克

● **调料**

陈皮、生姜各15克，盐适量

● **做法**

①鸡爪洗净后入沸水中汆烫，去趾甲。

②猪瘦肉洗净切块，入锅内大火煮5分钟；生姜洗净切片。

③板栗去壳，核桃取肉，陈皮浸软刮去白，入锅加适量水，大火煮沸，放入其余用料，煮开后改小火煲3小时，加盐调味供用。

● **营养功效**

板栗为补肾强骨之果；鸡爪能软化血管，美容。此汤有补肾美容的功效，适宜更年期女性食用。

 # 板栗南杏鲜鸡汤

● **材料**

鸡肉200克，猪肉100克，南杏、板栗肉各适量

● **调料**

盐5克

● **做法**

①鸡收拾干净，斩件；猪肉洗净切块；南杏、板栗肉分别洗净。

②锅中注水，放入鸡肉、猪肉汆去血水，捞出。

③将鸡肉、猪肉及板栗肉、南杏放入锅中，加适量清水，大火烧沸后转小火慢炖2小时，加盐调味即可。

● **营养功效**

南北杏能润肺平喘、生津开胃；板栗有养胃健脾、补肾强腰之功效。此汤健脾补肾，适宜更年期女性食用。

板栗土鸡汤

● **材料**

土鸡1只，板栗200克，红枣10克

● **调料**

盐4克，鸡精2克，姜片10克

● **做法**

①将土鸡收拾干净，切块；板栗剥壳，去皮备用；红刺去核，洗净。

②锅上火，加入适量清水，烧沸，放入鸡件、板栗，滤去血水，备用。

③将鸡、板栗转入炖盅里，放入姜片、红枣，置小火上炖熟，调入调味料即可。

● **营养功效**

土鸡能提高免疫力，降低血压；板栗补肾强腰。此汤可以补肾健脾，以土鸡加板栗制作的汤更适宜更年期女性食用。

鲜人参炖土鸡

● **材料**

土鸡1只，人参50克，红枣、枸杞各5克

● **调料**

盐4克，鸡精2克，姜片10克，芝麻油5克，花雕酒4克

● **做法**

①土鸡收拾干净砍断腿；红枣洗净泡发。

②锅上火入水，加盐、鸡精、姜片，水沸后入鸡余烫去血水。

③捞出入钵，入余料及花雕酒煲1小时，入盐、鸡精、芝麻油即可。

● **营养功效**

人参能扩张皮肤毛细血管，促进皮肤血液循环；土鸡能够提高免疫力。此汤有美容强身之功效，利于更年期女性食用。

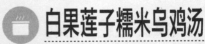 # 白果莲子糯米乌鸡汤

- ● 材料

乌鸡1只，白果25克，莲子、糯米各50克

- ● 调料

胡椒4克，盐8克

- ● 做法

① 乌鸡洗净斩件。

② 白果、莲子洗净；糯米用水浸泡，洗净。

③ 将乌鸡、白果、莲子、糯米一起放入炖盅炖2小时，放入盐、胡椒调味，即可出锅食用。

- ● 营养功效

糯米补中益气、安神益心；莲子清心醒脾、补脾止泻。此汤安神清心，利于更年期女性食用。

 # 乌鸡冬瓜汤

- ● 材料

乌鸡1只，冬瓜750克，火腿30克

- ● 调料

盐适量

- ● 做法

① 乌鸡洗净，斩件；冬瓜去瓤洗净，连皮切大块；火腿切片。

② 锅中加水烧开，下入乌鸡块汆去血沫。

③ 锅中加水适量，将所有材料放入，用大火煲10分钟，改小火再煲3小时，加盐调味即成。

- ● 营养功效

乌鸡滋阴补肾、养血补虚；冬瓜清热解毒、减肥美容。此汤有滋阴美容的功效，利于更年期女性食用。

人参红枣鸽子汤

● **材料**

鸽子1个，红枣8颗，人参1支

● **调料**

盐适量

● **做法**

①将鸽子收拾干净，剁成块；将红枣、人参均用清水洗净，备用。

②净锅上火，倒入适量清水，放入鸽子后烧开，打去浮沫，放入人参、红枣，小火煲至熟，加入盐调味即可。

● **营养功效**

红枣补中益气、养血安神；人参补脾益肺、生津安神。此汤可补中益气，对防治女性更年期症状有很好的作用。

百合白果鸽子汤

● **材料**

鸽子1只，水发百合30克，白果仁10粒

● **调料**

盐少许，葱段2克

● **做法**

①将鸽子收拾干净，斩块氽水；水发百合用清水洗净；白果用清水洗净，备用。

②净锅上火，倒入适量清水，下入鸽子、水发百合、白果、葱段煲至熟，调入盐，即可出锅食用。

● **营养功效**

百合润肺清心、调中安神；白果滋阴养颜、抗衰老。此汤清心安神，利于女性更年期患者食用。

 # 参芪枸杞鹧鸪汤

● 材料

党参20克，黄芪30克，鹧鸪1只，枸杞10克

● 调料

盐适量

● 做法

① 将党参浸透，洗净，切段。

② 将黄芪、枸杞洗净；鹧鸪收拾干净，斩件。

③ 将党参、黄芪、鹧鸪、枸杞一起放入瓦煲内，加适量清水，大火煮沸后，改小火煲2小时，加盐调味即可。

● 营养功效

枸杞有调理气血、缓解衰老、消脂降压的作用；鹧鸪有增进体格、消脂除倦的作用。此汤能起到强身健体的功效，适合更年期女性食用。

 # 灵芝核桃乳鸽汤

● 材料

党参20克，核桃仁80克，灵芝40克，乳鸽1只，蜜枣6颗

● 调料

盐适量

● 做法

① 将核桃仁、党参、灵芝、蜜枣分别用水洗净。

② 将乳鸽收拾干净，斩件。

③ 锅中加水，大火烧开，放入准备好的材料，改用小火续煲3小时，加盐调味即可。

● 营养功效

核桃是温补肺肾、滋补明目之良品；灵芝可以抗衰老。此汤温补强肾、明目安神，利于更年期女性食用。

西洋菜鲤鱼汤

● **材料**

西洋菜、龙骨、鲤鱼各200克，瘦肉100克，南杏仁10克，红枣5克

● **调料**

盐4克，味精3克，生姜片5克

● **做法**

①鲤鱼收拾干净，斩段；红枣洗净去核；西洋菜、南杏仁分别洗净。

②瘦肉洗净切厚块；龙骨洗净斩段，同入沸水中汆水。

③将适量清水放入瓦煲内，烧沸后加入所有原材料，大火煲滚后改用小火煲2小时，加盐、味精调味即可。

● **营养功效**

西洋菜有舒经活络、养心润肺的作用；鲤鱼有养血益气、通便利尿的作用。此汤能调理气血、滋补身体，适合更年期女性食用。

节瓜红豆生鱼汤

● **材料**

生鱼、节瓜各150克，山药、红豆、红枣、花生米各适量，干贝20克

● **调料**

盐少许，姜3片

● **做法**

①生鱼收拾干净，切块后汆去血水；节瓜去皮洗净，切厚片；山药、干贝分别洗净；红豆、红枣、花生米均洗净泡软。

②净锅上火倒入水，下入所有原材料煲熟，加入姜片继续煲20分钟，调入盐即可。

● **营养功效**

红豆有滋补强壮、健脾养胃的作用；生鱼有补脾利水、补肝益肾的功效。此汤有健脾养肝、利水和胃的作用，非常适合更年期女性食用。

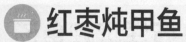 # 红枣炖甲鱼

● **材料** 甲鱼1只，无花果10枚，红枣适量
● **调料** 料酒、盐、葱花、姜片、蒜瓣、鸡汤各适量

● **做法**
① 甲鱼收拾干净切块，入沸水中，余后捞出；无花果洗净；红枣洗净用开水浸泡。
② 将锅中放入甲鱼、无花果、红枣，然后加入料酒，盐、葱、姜、蒜、鸡汤，炖2小时左右，取出即可。

西洋参无花果甲鱼汤

● **材料** 西洋参10克，无花果20克，甲鱼500克，红枣3颗
● **调料** 盐4克，生姜片5克

● **做法**
① 将甲鱼与适量水同入锅，加热至水沸；无花果、红枣洗净。
② 将甲鱼去表皮，去内脏，余水。
③ 将清水放入瓦煲内，煮沸后加入所有原材料，大火煲沸后改用小火煲3小时，加盐调味即可。

 # 参芪泥鳅汤

● **材料** 党参20克，北芪10克，泥鳅250克，猪瘦肉100克，红枣3颗
● **调料** 盐4克

● **做法**
① 泥鳅用沸水略烫，洗净黏液，入油锅煎至金黄。
② 猪瘦肉洗净切块，余水；其余材料洗净。
③ 将1300克清水放入瓦煲内，煮沸后加入所有原材料，大火煲沸后改用小火煲2小时，加盐调味即可。

沙参泥鳅汤

●**材料** 泥鳅250克，猪瘦肉100克，红枣3颗，沙参20克，北芪10克
●**调料** 盐少许

●**做法**
① 猪瘦肉洗净切大块。
② 泥鳅收拾干净，略烫，煎至金黄色。
③ 将剩下的材料分别洗净，红枣洗净、泡发备用。
④ 将清水放入瓦煲内，煮沸后加入所有原材料，大火煲滚后改用小火煲2小时，加盐调味即可。

雪蛤蛋白枸杞甜汤

●**材料** 雪蛤3只，蛋清适量，枸杞10克
●**调料** 冰糖适量

●**做法**
① 雪蛤自腹部剪开，取出卵巢部分，弃杂质，以清水泡发沥干，加适量水煮开，将雪蛤的卵巢加入煮开。
② 蛋清打至发泡，加入雪蛤、净枸杞、冰糖煮1分钟即可。

药膳银耳汤

●**材料** 水发银耳120克，菜心30克，当归、党参各2克
●**调料** 盐、鸡精各3克，葱丝、姜丝、芝麻油各适量

●**做法**
① 将水发银耳洗净撕成小朵；菜心、当归、党参分别洗净备用。
② 净锅上火倒油烧热，将葱、姜、当归、党参炒香，倒入水，调入盐、鸡精烧开，下入银耳、菜心，淋入芝麻油。

男性更年期，可以常喝这些汤

更年期是人进入中年后的一种正常生理变化，男性的更年期大都在50~60岁。更年期综合征患者，重者应在医生的指导下进行激素等药物治疗。症状较轻者，单纯利用食物调节就可以获得很好的效果。

饮食指导 ▶	①饮食宜清淡：更年期患者的饮食要切忌刺激性较大的食品，因为人到更年期情绪波动较大，易激动、烦躁，吃过多刺激性食物会加重更年期症状。 ②蛋白质丰富：更年期的饮食要有足够的蛋白质，以适应机体的需要，比如多吃鸡蛋、牛奶、豆类食品等。 ③多摄入维生素和钙质：更年期要多吃富含维生素和钙质的饮食。
煲汤食材 ▶	韭菜、豌豆、牛肉、虾、墨鱼、鲍鱼、牛奶、梨、牡蛎、田鸡、鸭肉、兔肉、羊肉、核桃、黑芝麻、山药、猪心、麻雀等。

牛奶银耳水果汤

● **材料**

银耳100克，猕猴桃1个，圣女果5粒

● **调料**

鲜奶300克

● **做法**

①银耳洗净，用清水泡软，去蒂，切成细丁，加入牛奶中，以中小火边煮边搅拌，煮至熟软，熄火待凉装碗。

②圣女果洗净，对切成两半；猕猴桃洗净，削皮切丁，一起加入碗中即可。

● **营养功效**

银耳益气清肠、安眠健胃；牛奶补益劳损、润大肠。此汤补益安眠，对男性更年期患者来说是一种良好的补品。

牛奶木瓜汤

● **材料**

木瓜250克，鲜牛奶250克

● **调料**

白糖、葱花各适量

● **做法**

①将熟透的木瓜用清水洗净，去掉皮、籽，切成细丝，备用。

②将准备好的木瓜丝放入锅内，加水、白糖熬煮至木瓜熟烂。注入鲜奶调匀，再煮至汤微沸，装入碗中，撒上葱花即可。

● **营养功效**

牛奶润肺、润肠，可增强免疫力；木瓜护肝降酶、降低血脂。此汤护肝降脂，对更年期男性尤为适宜。

雪梨银耳百合汤

● **材料**

银耳、雪梨、枸杞、百合各适量

● **调料**

冰糖、葱花各适量

● **做法**

①雪梨洗净，去皮、去核，切小块待用。

②银耳泡半小时后，洗净撕成小朵；百合、枸杞洗净待用。

③锅中倒入清水，放银耳，大火烧开，转小火将银耳炖烂，放入百合、枸杞、梨、冰糖，炖至梨熟，撒葱花即可出锅。

● **营养功效**

梨能够帮助器官排毒，还能软化血管；银耳滋补生津、润肺养胃。此汤滋补排毒，利于更年期男性食用。

菊花桔梗雪梨汤

● 材料

甘菊5朵，桔梗5克，雪梨1个

● 调料

冰糖5克

● 做法

① 甘菊、桔梗洗净，加入1200克水煮开，转小火继续煮10分钟，去渣留汁，加入冰糖搅匀后，盛出待凉。

② 梨子用清水洗净，削去皮，梨肉切成丁，加入已凉的甘菊水，即可出锅。

● 营养功效

桔梗能降血压、降血糖、提高人体免疫力；菊花疏风清热。此汤降压降脂、安神清热，利于更年期患者食用。

腐竹马蹄甜汤

● 材料

红枣6颗，腐竹15克，马蹄6个

● 调料

冰糖5克

● 做法

① 红枣洗净泡软；腐竹洗净泡软，再换水将腐竹漂白，捞起后沥干水分，切段；马蹄洗净，削除外皮。

② 将马蹄、红枣放入锅中加700克水，用大火煮滚后，转小火熬煮20分钟，放入腐竹，再煮5分钟，最后放入冰糖煮至溶化后即可。

● 营养功效

腐竹可健脑，预防高脂血症、动脉硬化；马蹄清热解毒、凉血生津。此汤健脑解毒，适合更年期男性食用。

桂圆黑枣汤

● **材料**

桂圆50克，黑枣30克

● **调料**

冰糖适量

● **做法**

① 桂圆去掉壳，去掉核，备用；黑枣用清水洗净。

② 锅中加适量清水，烧开，再下入黑枣煮5分钟后，再加入桂圆。

③ 一起煮25分钟，再下冰糖煮至溶化，即可出锅食用。

● **营养功效**

黑枣有极强的增强人体免疫力的作用；桂圆补益心脾、养血宁神。此汤补益宁神，利于更年期男性患者食用。

包菜西红柿素汤

● **材料**

包菜100克，西红柿1个，山药75克

● **调料**

清汤适量，盐4克，芝麻油3克

● **做法**

① 将包菜用清水洗净，切成细丝；西红柿用清水洗净，切片；山药去皮用清水洗净，切丝备用。

② 净锅上火倒入清汤，调入盐，下入包菜、西红柿、山药煲至熟，淋入芝麻油即可。

● **营养功效**

包菜利尿除湿、温脾暖胃；西红柿清热解毒、凉血平肝。此汤清热暖胃，适合更年期男性患者食用。

核桃沙参姜汤

● 材料

核桃仁50克，沙参20克

● 调料

红糖1匙，生姜4片

● 做法

①将核桃仁用清水冲洗干净，备用；沙参用清水洗净。

②砂锅内放入准备好的核桃仁、沙参和姜片。

③往砂锅中加水，用小火煮40分钟，最后加入红糖，即可出锅，装入碗中食用。

● 营养功效

核桃有润肺、补肾、壮阳、健肾作用；生姜常用于脾胃虚寒。此汤补肾壮阳，是男性更年期患者的保健食品。

牛肉海带莲藕汤

● 材料

牛肉250克，海带结75克，莲藕50克

● 调料

盐4克，酱油适量，葱末、姜末、香菜末、胡椒粉各3克

● 做法

①将牛肉洗净、切块；海带结洗净；莲藕去皮、洗净，切块备用。

②煲锅上火倒入水，调入盐、酱油、葱、姜，下入牛肉、海带结、莲藕，煲至熟，调入胡椒粉搅匀撒上香菜末即可。

● 营养功效

海带能清热、降血压；莲藕可以补五脏之虚、强壮筋骨。此汤补虚壮骨，适宜更年期男性食用。

牛肉芹菜土豆汤

● **材料**

熟牛肉100克，土豆、芹菜各30克

● **调料**

盐3克，鸡精2克，红椒丁5克，油适量

● **做法**

① 将熟牛肉、土豆、芹菜分别收拾干净，均切成丝，备用。

② 汤锅上火，倒入适量食用油，下入土豆、芹菜煸炒，再倒入适量清水，下入熟牛肉，调入盐、鸡精煲至熟，撒入红椒丁即可。

● **营养功效**

芹菜对于血管硬化、神经衰弱患者有辅助治疗作用；牛肉益气血、强筋骨。此汤补气壮骨，利于更年期男性食用。

 # 兔肉薏米煲

● **材料**

兔腿肉200克，薏米100克，红枣50克

● **调料**

盐少许，鸡精2克，葱丝、姜丝各6克

● **做法**

① 将兔腿洗净剁块；薏米洗净；红枣洗净备用。

② 炒锅上火倒入水，下入兔腿肉氽水冲净备用。

③ 净锅上火倒入油，将葱、姜爆香，倒入水，调入盐、鸡精，下入兔腿肉、薏米、红枣，小火煲至熟即可。

● **营养功效**

薏米能强筋骨、健脾胃；兔肉滋阴凉血、益气润肤。此汤健脾益气，更年期患者可经常食用。

 # 杜仲核桃兔肉汤

● **材料**

兔肉200克，杜仲、核桃肉各30克

● **调料**

生姜2片，盐4克

● **做法**

①兔肉用清水洗净，斩件。

②杜仲用清水洗净；核桃肉洗净，用开水烫去衣，备用。

③把兔肉、杜仲、核桃肉放入锅内，加清水适量，放入生姜，大火煮沸后，小火煲3小时，加盐调味即可。

● **营养功效**

兔肉可以滋阴凉血、益气润肤；核桃滋补肝肾、强健筋骨。此汤滋阴益气，对更年期患者有较高的医疗保健作用。

羊排鲫鱼山药煲

● **材料**

羊排300克，鲫鱼1条，山药30克

● **调料**

精盐少许，葱段3克，胡椒粉5克

● **做法**

①将羊排用清水洗净，切成块后汆水；鲫鱼宰杀洗净；山药去皮，用清水洗净切块备用。

②净锅上火倒入水，调入葱段烧开，下入羊排、鲫鱼、山药煲至熟，调入盐和胡椒粉即可。

● **营养功效**

鲫鱼益气健脾、清热解毒；山药补脾养胃、补肾涩精。此汤健脾补肾，利于更年期男性食用。

山药核桃羊肉汤

● **材料**

羊肉300克，山药、核桃各适量，枸杞10克

● **调料**

盐4克，鸡精3克

● **做法**

①羊肉洗净，切块，氽水；山药洗净，去皮，切块；核桃取仁洗净；枸杞洗净。

②锅中放入羊肉、山药、核桃、枸杞，加入清水，小火慢炖至核桃变得酥软之后，关火，加入盐和鸡精调味即可。

● **营养功效**

山药能提高免疫力、降低胆固醇；羊肉益气补虚、散寒祛湿。此汤益气补肾，利于更年期患者食用。

芹菜苦瓜瘦肉汤

● **材料**

芹菜、瘦肉、苦瓜各150克，西洋参20克

● **调料**

盐4克

● **做法**

①芹菜洗净，去叶，梗切段；瘦肉、苦瓜分别洗净，切块；西洋参洗净，切丁，浸泡。

②将瘦肉放入沸水中氽烫，洗去血污。

③将芹菜、瘦肉、西洋参、苦瓜放入沸水锅中小火慢炖2小时，再改为大火，加入盐调味，拌匀即可出锅。

● **营养功效**

苦瓜能改善体内的脂肪平衡；芹菜清热除烦、利水消肿。此汤清热消肿，男性更年期患者食用，效果奇佳。

● 营养功效

笋益气和胃，对缓解便秘有一定的效用；瘦肉滋阴润燥、补虚养血。此汤滋阴益气，利于更年期男性食用。

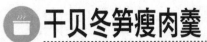 # 干贝冬笋瘦肉羹

● **材料**

猪瘦肉200克，冬笋50克，干贝30克，鸡蛋1个

● **调料**

花生油20克，盐少许，味精、葱花各3克，高汤、红椒末各适量

● **做法**

①猪瘦肉洗净切末；冬笋洗净切丁。

②炒锅上火倒入花生油，将葱花、瘦肉末炝香，倒入高汤，调入盐、味精，下入笋丁、净干贝煲至熟，淋入鸡蛋，撒入红椒末即可。

● 营养功效

生地凉血清热，还可以养阴；龙骨有定惊安神、敛汗固精的作用。此汤清热安神，利于更年期男性食用。

生地煲龙骨

● **材料**

龙骨500克，生地20克，生姜50克

● **调料**

盐4克，味精3克

● **做法**

①龙骨洗净，斩成小段；生地洗净；生姜洗净去皮，切成片。

②将龙骨放入炒锅中炒至断生，捞出备用。

③取一炖盅，放入龙骨、生地、生姜和适量清水，隔水炖60分钟，加盐、味精调味即可。

韭菜花炖猪血

● **材料**

红椒1个，韭菜花100克，猪血150克

● **调料**

蒜片10克，辣椒酱30克，上汤200克，豆瓣酱20克，盐4克，味精2克

● **做法**

① 猪血洗净切块；韭菜花洗净切段；红椒洗净切块。

② 锅中水烧开，放入猪血焯烫，捞出沥水。

③ 油烧热，爆香蒜、红椒，加入猪血、上汤及辣椒酱、豆瓣酱、盐、味精煮入味，再加入韭菜花即可。

● **营养功效**

韭菜花可温肾阳、强腰膝；猪血清血化瘀、利大肠。此汤有壮阳强腰的功效，利于更年期男性食用。

猪心虫草汤

● **材料**

猪心1个，虫草2条，参片10片

● **调料**

盐、鸡精各适量

● **做法**

① 猪心用清水洗净，切成片，余去血污后用清水洗净；虫草、参片均用清水洗净。

② 将猪心、虫草、参片放入炖盅，加适量水。

③ 炖盅置于火上，炖好后加入调味料调匀即可。

● **营养功效**

冬虫夏草补虚损、益精气；猪心安神定惊、养心补血。此汤益气安神，更年期男性适宜食用。

龙骨牡蛎炖鱼汤

● **材料**　鲭鱼1条，龙骨、牡蛎各50克
● **调料**　盐2克，葱段适量

● **做法**

①龙骨、牡蛎冲洗干净，入锅加1500克水熬成高汤，熬至约剩3.5碗，捞弃药渣；鱼去鳃、肚后洗净，切段，拭干，入油锅炸至酥黄，捞起。

②将炸好的鱼放入高汤中，熬至汤汁呈乳黄色时，加葱段、盐调味即成。

山药鱼头汤

● **材料**　鲢鱼头400克，山药100克，枸杞10克，芹菜末适量
● **调料**　盐4克，鸡精3克，香菜段5克，葱丝、姜丝各5克

● **做法**

①将鲢鱼头洗净剁成块，山药浸泡洗净切块备用；枸杞洗净。

②油锅烧热，下葱、姜爆香，下入鱼头略煎加水，下入山药、枸杞煲至熟，调入盐、鸡精，撒入香菜、芹菜末即可。

无花果章鱼干鲫鱼汤

● **材料**　鲫鱼1条，章鱼干、无花果、山药各适量
● **调料**　盐少许，姜1片，葱段适量

● **做法**

①鲫鱼收拾干净，斩成两段，略煎；章鱼干泡发切段。

②汤锅加水，放入鲫鱼，大火烧沸后加入章鱼干、净无花果、山药。

③改小火慢炖至熟，入姜片、葱段续熬30分钟，调入盐。

莴笋蛤蜊煲

- **材料**　莴笋175克，豆腐100克，蛤蜊75克
- **调料**　盐少许，葱丝、姜末各2克

- **做法**

①莴笋去皮洗净切片；豆腐洗净切片；蛤蜊洗净。

②净锅上火倒入油，将葱、姜爆香，下入莴笋煸炒，倒入水烧开，下入豆腐煲10分钟，下入蛤蜊续煲至熟，调入盐即可。

原汁海蛏汤

- **材料**　海蛏肉250克
- **调料**　盐4克，香菜末2克，红椒末2克，芝麻油3克

- **做法**

①将海蛏肉用清水洗净，备用。

②净锅上火，倒入适量清水，下入海蛏肉煲至熟，再撒入香菜，红椒末加入盐，淋入芝麻油，即可出锅食用。

黄花鱼豆腐煲

- **材料**　黄花鱼400克，豆腐100克
- **调料**　盐、味精各适量，葱段5克，香菜20克

- **做法**

①将黄花鱼宰杀收拾干净改刀；豆腐洗净切小块；香菜择洗干净切末备用。

②锅上火倒入油，将葱炝香，下入黄花鱼煸炒，倒入水，加入豆腐煲至熟，调入盐、味精，撒入香菜末即可。

姜丝鲈鱼汤

● **材料**　鲈鱼600克，姜10克
● **调料**　盐2小匙

● **做法**
① 鲈鱼收拾干净，切成3段。
② 姜用清水洗净，切成丝。
③ 锅中加水1200克煮沸，将鱼块、姜丝放入煮沸，转中火煮3分钟，待鱼肉熟嫩，加盐调味，即可出锅食用。

海参甲鱼汤

● **材料**　水发海参100克，甲鱼1只，油菜适量，枸杞10克
● **调料**　高汤、盐各适量，味精3克

● **做法**
① 将海参收拾干净；甲鱼收拾干净，斩块，汆水备用；枸杞用清水洗净。
② 瓦煲上火，倒入准备好的高汤，下入甲鱼、海参、枸杞煲至熟，加油菜煮熟，加盐、味精调味，即可出锅食用。

冬瓜煲田鸡

● **材料**　田鸡300克，冬瓜100克，莲藕、平菇、桂皮各适量
● **调料**　盐4克，鸡精3克

● **做法**
① 田鸡收拾干净，去皮切段；冬瓜、莲藕分别洗净切块；平菇洗净切段。
② 田鸡煮净血水，捞起洗净。
③ 将田鸡、冬瓜、莲藕、平菇、桂皮放入沸水锅中，炖2小时，调入盐和鸡精。

5

老年病，汤是
最好的食疗方

● 汤是中国饮食中的一道美味，小火慢煮、慢炖，可以使食物的营养成分有效地溶解在汤水中，易于人体消化和吸收。它浓郁的香气、鲜美的滋味、丰富的营养，无一不让人赞叹。本章介绍了老年人适合饮用的各类汤品，希望读者能从中有所收益。

🍲 什么是老年病

老年病又称老年疾病，是指人在老年期所患的与衰老有关的，并且有自身特点的疾病。老年人患病不仅比年轻人多，而且有其特点，主要是因为人进入老年期后，人体组织结构进一步老化，各器官功能逐步出现障碍，身体抵抗力逐步衰弱，活动能力降低，协同功能丧失。一般认为，人的年龄在45～59岁为老年前期或初老期，60～89岁为老年期，90岁以上为长寿期。

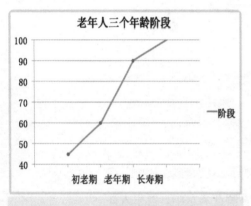

◎ 通常，45～59岁为初老期，60～89岁为老年期，90岁以上为长寿期。

老年病通常包括以下三个方面。

◎ 老年人特有的疾病

这类疾病只有老年人才会有，并带有老年人的特征。在人逐渐变老的过程中，会出现功能衰退和障碍发生，引起阿尔茨海默病、老年性精神病、老年性耳聋、脑动脉硬化以及由此引致的脑卒中等等。这类与衰老退化变性有关的疾病将随着年龄的增加而增多。

◎ 老年人常见的疾病

这类疾病既可在中老年期（老年前期）发生，也可能在老年期发生，但以老年期更为常见，或变得更为严重。它与老年人的病理性老化，机体免疫功能下降，长期劳损或青中年期患病使体质下降有关。如高血压病、冠心病、糖尿病、恶性肿瘤、痛风、震颤麻痹、老年性变性骨关节病、老年性慢性支气管炎、肺气肿、肺源性心脏病、老年性白内障、老年性耳聋、阿尔茨海默病、肝硬化、老年骨质疏松症、老年性皮肤瘙痒症、老年肺炎、高脂血症、颈椎病、前列腺肥大等等。

◎ 青年、中年、老年皆可发生的疾病

这类疾病在各年龄层都有发生，但因老年人功能衰退，同样的病变发生在老年人身上则有其特殊性。例如，各个年龄的人都可能发生肺炎，在老年人身上则具有症状不典型、病情较严重的特点。又如，青年、中年、老年皆可发生消化性溃疡，

◎ 有一些疾病没有特殊性，在青年、中年、老年各年龄段都有可能发生。

但老年人易发生并发症或发生癌变。

大量流行病学调查发现，在大中城市，威胁老年人健康的主要疾病依次为：高血压、冠心病、高脂血症、慢性支气管炎、肺气肿、脑血管病、恶性肿瘤、糖尿病，其中高血压病的患病率高达30%~70%，而死亡率则以脑血管病、心脏病、恶性肿瘤及呼吸系统疾病居前4位。老年人疾病的特点可概括为17个字，即"一人多病，症状不典型，并发症多，发展迅速"。

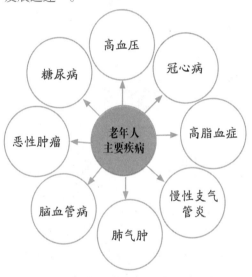

老年病的特点

老年病的防治是老年人保健的重要措施之一。由于老年人各种细胞器官组织的结构与功能随着年龄的增长逐年老化，因而适应力减退，抵抗力下降，发病率增加。老年是青壮年的延续，有些老年病是在青壮年时得的，而到老年期表现则更为明显。因此说有些老年病不是老年人所特有的疾病，但又与青壮年时期所患疾病有不同的特点。

◎ **临床症状和体征不典型**

老年人由于神经系统和免疫系统发生退行性改变，代偿能力差，感觉、体温、呼吸、咳嗽、呕吐等神经中枢的反应性降低，使一些老年疾病的临床症状极不典型。如急性心肌梗死，老年人可无典型的心前区疼痛，只表现为心律失常、心力衰竭等；老年人肺炎的症状及体征均不明显，表现多样，甚至缺乏呼吸道症状，更缺乏典型的肺炎症状，故有人称其为"无呼吸道症状的肺炎"。且此病常无发热、寒战等，多数表现为食欲不振、腹胀、腹痛等，也会出现表情淡漠、嗜睡、躁动不安等症状。

◎ **多病共存**

老年人的器官组织结构和功能会先后发生变化，故往往多种疾病同时存在。所以治疗时要注意抓住主要疾病，权衡利弊缓急，制订个性化、多学科的综合治疗方案。

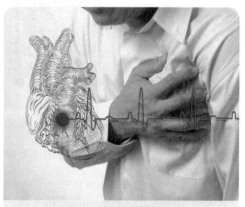

◎老年人的心脏功能逐渐衰弱，心脏病发作时常会伴随多种症状。

◎**病情重、变化快**

老年人对疾病的反应差，临床表现不典型，当出现明显症状或体征时，往往病情已严重或迅速趋于恶化。

◎**易发生意识障碍**

老年人不论患何种疾病，都易发生意识障碍，这与老年人常患有脑血管硬化，脑供血不足，加之各器官功能减退有关。

◎**并发症多**

常见并发症有水、电解质和酸碱平衡紊乱，多脏器功能衰竭，感染，血栓和栓塞。

◎**病程长，康复慢**

因为老年人全身反应迟缓，发病较隐匿，需要较长时间才能缓慢康复。

在这种情况下，病人及家属往往对疾病的康复失去信心，产生悲观情绪。所以老年人应该认识到自己疾病的恢复过程是缓慢的，要有耐心，积极配合治疗。医护工作者也应该有耐心，多与病人沟通，给病人信心。

◎**药物不良反应多**

对老年人用药时要特别注意，必要时应将药物适当减量，在服药过程中还要注意观察不良反应，做好充足防范措施。

老年病的症状多样，而治疗的手段也有多种，最基本的防治方法就是从日常生活入手。

如何预防老年病

预防老年病，谨记两要点。

◎**日常饮食中要注意合理膳食**

●多食用富含纤维素、维生素、微量元素的蔬菜和水果，而且要有足量的优质蛋白。

●尽可能平均分配一天的摄食量，做到少食多餐，不漏餐。每日至少三餐，若

◎老年人平时要多吃含纤维素、维生素和微量元素的蔬菜和水果。

能做到一日四餐、五餐更佳。每顿饭只吃八九分饱。

●在日常的饮食中，老年人可以多食用一些低动物脂肪、低胆固醇、低盐的食物。

●海鲜类食物由于含有较高的胆固醇，不宜多吃。

●避免吃刺激性的食物，喝刺激性强的饮料。这样不仅可预防多种癌症和心脑血管疾病的发生，还能使精力充沛。

●老人的身体各部分机能都有一定衰

弱的趋势，平日的饮食应该注意吃得清淡一点。

◎要适当开展适合老年人的体育锻炼，保持良好的生活习惯，增强体质

●老年人各部分身体机能都开始下降，进入老年期，就更应该戒除吸烟、喝酒等不良嗜好，避免有害刺激。

●要注意定期到医院进行体格检查，听从医生的指导，对老年病做到早期发现、早期诊断和早期治疗，做好多方面的准备。

●要注意保持个人卫生，勤洗澡、勤洗手。

●避免长期卧床以及呼吸道感染，避免便秘、过劳、跌倒及其他意外刺激发生。

●阿司匹林要在医师指导下服用，不要自己随便食用。

●65岁以上老年人要观察大便，只要每天能够顺利排一次便，身体便不会有太大问题。排便正常是监测老年人身体健康的重要指标。不要靠药物排便。

●人在年老之后，心情的调节很重要，每天保持心情舒畅。老年人心情舒畅了，天天高兴，就不会有因为情绪导致的

脏腑功能失常，经络调节失常，病就不会来袭。

●不要让老年人做太多的事情。可以适当地参加锻炼，但不要过量。有一些极限运动如冬泳，晚上去扭秧歌，都不是好的调养方式。

●老年人不要过于透支脑力，如沉迷于打牌、打麻将等，一坐一天，导致气脉不畅，积食不能很好地消化，会给身体造成很大伤害。

●如果发生了突发性疾病，如突然晕倒、肢体麻木等情况，这是预警，子女要多注意，该去看诊就要看诊。一定要和老年人沟通，这对疾病的预防和提早治疗是很重要的。

●老年人在平时更应该积极锻炼身体，以适度为宜，进行可以舒缓身心的运动。身体锻炼主要以外家拳、八段锦、太极拳等为宜，这些对老年人而言都是很好的调养方式。

◎老年人可以适当参加一些户外运动，进行锻炼。

🍲 老年性白内障，可以常喝这些汤

人到老年，各种原因如老化、遗传、营养障碍、免疫与代谢异常等，都能引起晶状体代谢紊乱，导致晶状体蛋白质变性而发生混浊，形成白内障。中医认为此病多为肝肾阴亏、脾气虚衰、眼珠失养而致。

饮食指导 ▶	①多吃含类叶红素的食物：类叶红素具有抗氧化作用，能使晶状体保持透明状态。深色、红色等蔬菜水果含类叶红素丰富。 ②忌食辛辣刺激、香燥、性热助火的食物：如辣椒等。 ③摄入足够的维生素：科学家研究发现，维生素C具有防止白内障形成的作用，它可减少光线和氧对晶状体的损害。如果维生素C摄入不足，易引起晶状体变性。
煲汤食材 ▶	胡萝卜、白菜、西红柿、芹菜、豆腐、猪肉、猪肝、鲈鱼、鲤鱼、鸡蛋、红枣、桂圆、枸杞、黑芝麻等。

🍲 芹菜甘草汤

● **材料**

芹菜40克，甘草15克，鸡蛋1个

● **调料**

盐2克

● **做法**

①芹菜用清水洗净，切成小段。

②将芹菜、洗净的甘草放入锅中，在锅内加入清水400克，置于火上煎，煎至200克时，过滤去渣，留汁备用。

③继续烧开，打入鸡蛋，然后把鸡蛋搅匀。

④调入盐，然后趁热食用。

● **营养功效**

芹菜能降血压、降血糖；甘草补脾益气、清热解毒。此汤清热解毒、降压降糖，利于老年性白内障患者食用。

双蛋浸白菜汤

● **材料**

白菜300克，皮蛋100克，咸蛋、火腿各30克

● **调料**

高汤、盐各适量，味精2克，葱、姜各5克

● **做法**

① 将白菜洗净，切成适量大小形状；把皮蛋、咸蛋分别去壳，然后洗净切丁；火腿切小丁状；葱、姜洗净切末。

② 炒锅上火，往锅内倒入油，再将葱、姜爆香，加入高汤，下入白菜烧沸。

③ 再下入皮蛋、咸蛋、火腿，煲至熟，调入盐、味精即可。

● **营养功效**

白菜有清热解毒、利尿养胃的功效；鸡蛋益精补气、滋阴润燥。此汤清热补气，利于老年性白内障患者食用。

酸辣豆腐汤

● **材料**

鸡蛋2个，豆腐、猪血、瘦肉各100克，胡萝卜半根

● **调料**

盐4克，辣椒油适量，醋6克

● **做法**

① 豆腐、猪血洗净切块；瘦肉洗净切条；胡萝卜洗净切丝。

② 把鸡蛋打入碗中，沿同一方向打散。

③ 锅内加适量水烧沸，将豆腐、猪血、肉丝、胡萝卜丝放入，用旺火煮至沸腾。

④ 转小火，加打散的蛋液，再加入盐、醋调味，淋上辣椒油即可。

● **营养功效**

豆腐益气宽中、清热解毒，营养价值较高。此汤清热益气，白内障患者经常食用此汤，可以有效防治病症。

● **营养功效**

金针菇具有抗菌消炎、清除重金属盐类物质的作用；芹菜平肝、利水、消肿。此汤平肝消炎，适宜白内障患者食用。

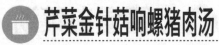

芹菜金针菇响螺猪肉汤

● **材料**

猪瘦肉300克，金针菇50克，芹菜100克，响螺适量

● **调料**

盐4克，鸡精5克

● **做法**

①猪瘦肉洗净，切块；金针菇洗净，浸泡；芹菜洗净，切段；响螺洗净，取肉。

②猪瘦肉、响螺肉放入沸水中氽去血水后捞出备用。

③锅中注水，烧沸，放入猪瘦肉、金针菇、芹菜、响螺肉慢炖2.5小时，加入盐和鸡精调味即可。

● **营养功效**

香菇可降低胆固醇、预防心血管疾病；猪肉滋阴润燥、补虚养血。此汤滋阴补养，利于老年白内障患者食用。

参杞香菇瘦肉汤

● **材料**

猪瘦肉750克，党参25克，香菇100克，枸杞5克

● **调料**

盐、味精各适量，生姜4片

● **做法**

①香菇洗净浸发，剪去蒂；党参、枸杞分别洗净。

②猪瘦肉洗净，切块备用。

③把全部材料放入清水锅内，大火煮滚后改小火煲2小时。

④加入盐、味精调味，闻到香味溢出，即可出锅。

花生香菇煲鸡爪

● **材料**

鸡爪250克，花生米45克，香菇4朵

● **调料**

高汤适量，盐4克，香菜末、红椒末各适量

● **做法**

①将鸡爪用清水洗净；花生米先浸泡大约1~2小时，然后用清水洗净，再烹饪。

②香菇浸泡以后再用清水洗净，然后将其切成片状备用。

③净锅上火，往锅中倒入高汤，下入鸡爪、花生米、香菇等，将它们煲至熟，再加入盐调味，撒上香菜末、红椒末即可。

● **营养功效**

花生健脾和胃、补气降压；鸡爪可以软化血管、补钙。此汤滋养补气，适宜于老年性白内障患者食用。

南瓜猪展汤

● **材料**

南瓜100克，猪展（猪小腿肉）180克，红枣适量

● **调料**

盐、高汤、姜、鸡精各适量

● **做法**

①南瓜洗净，去皮切成方块；猪展洗净切成块；红枣洗净；姜洗净去皮切片。

②锅中注水烧开后加入猪展，汆去血水后捞出。

③另起砂煲，将南瓜、猪展、姜片、红枣放入煲内，注入高汤。

④小火将以上材料煲煮1.5小时，然后加入盐、鸡精调味即可。

● **营养功效**

南瓜可调整糖代谢、增强肌体免疫力；猪展滋阴润燥、补虚损。此汤可增强人体免疫力，利于白内障患者食用。

 # 西红柿红薯排骨汤

● **材料**

西红柿150克，红薯200克，排骨100克

● **调料**

盐适量

● **做法**

①红薯去皮，洗净，然后切大块；西红柿洗净，切大瓣。

②排骨洗净，斩段，飞水。

③将排骨放入瓦煲，注水烧开。

④下入红薯，用小火煲1.5小时，直到红薯煲熟。

⑤再放入西红柿，约煮15分钟，加盐调味即可。

● **营养功效**

西红柿具有抗氧化功能，能防癌；红薯益气力、强肾阴。此汤营养丰富、补气强肾，对白内障患者有很好的食疗作用。

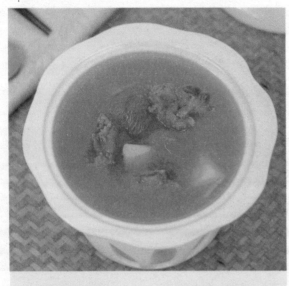

土豆西红柿脊骨汤

● **材料**

土豆、西红柿各1个，脊骨150克，红枣适量

● **调料**

盐3克

● **做法**

①土豆洗净去皮切大块；西红柿洗净切小瓣；脊骨洗净斩件；红枣洗净泡发，切开。

②砂煲入水烧开，将脊骨放入，余尽血水，倒出洗净。

③将脊骨、土豆、红枣放入砂煲中，注入水，以大火烧开，放入西红柿，改小火煲煮1小时，加盐调味即可。

● **营养功效**

土豆益气健脾、强身益肾；西红柿清热解毒、凉血平肝。此汤平肝益肾，适合白内障患者食用。

胡萝卜排骨汤

● 材料

排骨450克，胡萝卜60克，芹菜10克

● 调料

盐4克，姜片6克

● 做法

①将排骨用清水洗净、斩块、氽水后捞出沥干。

②将胡萝卜去皮、用清水洗净，切成条状后备用；芹菜洗净，切段。

③汤锅上火，倒入适量清水，调入盐、姜片，下入排骨、胡萝卜、芹菜煲至熟。

● 营养功效

胡萝卜可降血糖，保持视力正常；排骨补中益气、养血健骨。此汤益气降糖，利于白内障患者食用。

海参淡菜猪肉汤

● 材料

瘦肉350克，淡菜、海参、桂圆肉各20克，枸杞适量

● 调料

盐、鸡精各4克

● 做法

①瘦肉洗净，切块；淡菜、海参洗净，浸泡；桂圆肉、枸杞洗净。

②锅内烧水，待水沸时，放入瘦肉，去除血水。

③将瘦肉、淡菜、海参、桂圆肉、枸杞放入锅中，加入清水，约炖2小时。

④最后调入盐和鸡精即可食用。

● 营养功效

海参滋阴补血、健阳润燥；淡菜用于肝肾不足、精血虚亏。此汤滋阴补肝，对白内障等症有一定的疗效。

莲藕猪肉汤

● **材料**

猪瘦肉、莲藕各150克，红枣20克

● **调料**

盐4克，鸡精3克，葱10克

● **做法**

①猪瘦肉洗净，切成小块状；莲藕洗净，然后去皮，切块；红枣洗净；葱洗净，切小段。

②锅置火上，锅中烧水，放入猪瘦肉煮净血水。

③锅中放入猪瘦肉、莲藕、红枣，加入清水，炖2小时，放入葱段，调入盐和鸡精即可。

● **营养功效**

莲藕滋阴养血，可以补五脏之虚；猪肉滋阴润燥、补虚养血。此汤滋阴润燥，利于白内障患者食用。

红枣猪肝冬菇汤

● **材料**

猪肝220克，冬菇30克，红枣6颗，枸杞适量

● **调料**

盐、鸡精、生姜各适量

● **做法**

①猪肝洗净切片；冬菇洗净，烹煮之前先用温水泡发。

②红枣、枸杞分别洗净；姜洗净然后去皮，切片备用。

③锅中注水烧沸，入猪肝汆去血沫。

④炖盅装水，放入所有食材，上蒸笼炖3小时，调入盐、鸡精后即可食用。

● **营养功效**

猪肝有补血健脾、养肝明目的功效；冬菇补肝肾、益气血。此汤补肝益气，白内障患者食用有很好的效果。

黄芪猪肝汤

● 材料

猪肝200克，当归1片，黄芪15克，丹参、生地各7.5克

● 调料

米酒、芝麻油各适量，姜5片

● 做法

①当归、黄芪、丹参、生地分别洗净，加3碗水，熬取药汁。

②把油锅烧热，入猪肝炒半熟，盛起备用。

③将米酒、药汁入锅煮开，入猪肝煮开。

④用米酒、芝麻油调味即可。

● 营养功效

黄芪益气固表、调养肝气；猪肝补血健脾、养肝明目。此汤有益气明目之功效，适宜白内障患者食用。

冬瓜柿饼煲猪蹄

● 材料

猪蹄100克，柿饼、冬瓜各适量

● 调料

盐2克，姜片3片

● 做法

①猪蹄洗净，剁成块；冬瓜洗净，切成小片状。

②锅置火上，热锅入水烧沸，将猪蹄放入，煮尽血水，然后捞出清洗净。

③将猪蹄、姜片放入瓦煲内，注入适量水，大火烧开。

④最后下入冬瓜、柿饼，转小火煲1.5小时，加入盐调味即可。

● 营养功效

柿子可以降压、软化血管；猪蹄补虚损、填肾精。此汤降压益气，因此，是白内障患者的理想汤品。

● 营养功效

牛肉补中益气、滋养脾胃；胡萝卜补肝明目、清热解毒。此汤补中明目，对防治白内障有一定的效果。

 # 花生胡萝卜牛肉汤

● 材料

牛肉250克，花生米120克，胡萝卜75克，高汤适量

● 调料

盐、味精、香菜段各适量，葱花5克

● 做法

①将牛肉去筋切块、氽水；花生米洗净；胡萝卜洗净，然后切成小块状。放置备用。

②锅上火后倒入油，将葱炝香，倒入高汤，下入牛肉、花生米、胡萝卜同煮，煮至汤香味浓。

③最后调入盐、味精，煲至熟撒入香菜即可。

● 营养功效

小白菜能缓解精神紧张，健脾利尿；火腿养胃生津、益肾壮阳。此汤健脾益肾，还有助于白内障症状的缓解。

 # 小白菜火腿鸡汤

● 材料

鸡腿肉200克，小白菜50克，火腿30克

● 调料

盐3克

● 做法

①将鸡腿肉用清水洗净，再斩块，氽水后捞出沥干。

②将小白菜用清水洗净，切成小段；火腿切成一小块状，放置备用。

③煲锅上火倒入水，下入鸡块、火腿，煲熟。

④至快熟时下入小白菜，然后调入盐即可。

冬瓜鲜鸡汤

● 材料

鸡肉200克，冬瓜100克，红枣、枸杞各15克

● 调料

盐5克

● 做法

①鸡肉收拾干净，切块，然后汆水。

②冬瓜洗净，切成块；红枣、枸杞洗净，浸泡。

③将鸡肉、冬瓜、红枣、枸杞全部放入锅中，搅拌均匀，然后加适量清水以小火慢炖。

④2小时后关火，加入盐调味，即可食用。

● 营养功效

鸡肉温中益气、补精填髓；冬瓜清热解毒、利水消肿。此汤补中益气，利于白内障患者食用。

豆腐鱼骨汤

● 材料

鱼骨300克，豆腐300克

● 调料

盐3克，姜15克，香菜20克

● 做法

①将鱼骨洗净，切段；豆腐洗净，切块；姜去皮洗净，切片；香菜洗净，切段。

②锅置火上，倒入适量清水，分别放入鱼骨、豆腐汆烫片刻，捞起，沥干水。

③净锅上火，倒入适量油烧热，放入鱼骨煎至两面金黄。

④再倒入清水，放入豆腐、姜，待汤煮至奶白色，放入盐、香菜即可。

● 营养功效

豆腐益气宽中、清热解毒；鱼骨可以补钙和胶原蛋白。此汤清热解毒，白内障患者经常食用，可以有效缓解病症。

蛤蜊木耳鸡蛋汤

● **材料**　木耳100克，蛤蜊200克，鸡蛋1个
● **调料**　盐3克，味精1克，料酒10克，辣椒油适量

● **做法**

①木耳洗净泡发，切块；鸡蛋加少许盐打散。

②将蛤蜊加盐让其吐尽泥沙，洗净。

③锅中水烧开，放入木耳、蛤蜊同煮，淋入鸡蛋液煮1分钟，加入调料调味即可。

田七鸡蛋汤

● **材料**　鸡蛋1个，田七10克
● **调料**　盐少许，韭菜末适量

● **做法**

①将田七洗净，锅置火上，倒入适量清水，将田七加水煮片刻，捞起，沥干。

②另起锅，倒入适量水，待烧开后，打入鸡蛋，煮至熟，再将田七放入锅中，待再次煮沸后，加入盐调味，撒上韭菜末，即可盛碗。

木瓜鲤鱼汤

● **材料**　木瓜300克，鲤鱼500克，胡萝卜适量
● **调料**　盐4克，姜2片

● **做法**

①胡萝卜、木瓜分别洗净，去皮，切块；鲤鱼收拾干净，起油锅，入姜片，将鲤鱼煎至金黄色。

②将适量清水放入瓦煲内，煮沸后加入所有原材料，大火煲滚后，改用小火煲2小时，加盐调味即可。

柠檬红枣炖鲈鱼

- **材料** 鲈鱼1尾，红枣8颗，柠檬1个
- **调料** 老姜2片，葱段、盐、香菜末各少许

●做法

①鲈鱼收拾干净切块；红枣洗净泡软去核；柠檬洗净切片。

②锅内入1500克水，加红枣、姜片、柠檬片，以大火煲至水开，放入葱段及鲈鱼，改中火继续煲半小时至鲈鱼熟透，加盐调味，放入香菜即可。

藿香鲫鱼

- **材料** 藿香5克，鲫鱼1条（500克左右）
- **调料** 盐适量

●做法

①将鲫鱼宰杀剖好，备用；将藿香用清水洗净。

②将准备好的鲫鱼和藿香一块放入蒸锅内。

③往蒸锅中加入适量清水，将鱼蒸熟，再加入盐调味，即可出锅食用。

眉豆木瓜银耳煲鲫鱼

- **材料** 鲫鱼320克，眉豆30克，木瓜40克，银耳20克
- **调料** 盐、鸡精、姜片各适量

●做法

①鲫鱼收拾干净，切去尾巴；眉豆洗净，浸泡；木瓜去皮洗净，切块；银耳洗净用温水泡发，去除黄色杂质。

②所有食材放入砂煲内，大火烧沸后小火煲2小时，调入盐、鸡精即可。

老年性耳聋，可以常喝这些汤

老年性耳聋是指老年人存在不同程度的听觉减退，甚至消失的症状。耳鸣可伴有耳聋，耳聋亦可由耳鸣发展而来。二者临床表现和伴发症状虽有不同，但在病因、病机上却有许多相似之处，均与肾有密切的关系。

饮食指导 ▶	①要减少脂肪的摄入：大量摄入脂类食物，会使血脂增高，血液黏稠度增大，引起动脉硬化。 ②多吃含铁丰富的食物：缺铁易使红细胞变硬，运输氧的能力降低，而耳部氧分供给不足，可使听觉细胞功能受损，导致听力下降。 ③多食含锌食物：耳蜗内锌的含量大大高于其他器官，而60岁以上的老年人耳蜗内锌的含量明显降低，从而导致听力减退。
煲汤食材 ▶	菠菜、黄瓜、豆腐、菜花、白萝卜、菜心、苦瓜、南瓜、白菜、洋葱、芹菜、胡萝卜、西红柿、鸡蛋、柠檬、苹果、牛奶、油麦菜、梨、芒果、草莓、西瓜等。

黄瓜黑白耳汤

● **材料**

黄瓜120克，水发木耳、银耳各25克

● **调料**

盐4克，葱末、姜末、红椒丝各1克，芝麻油3克

● **做法**

①将黄瓜用清水洗净，切成丝；将水发木耳、银耳分别用清水洗净，均切成细丝，备用。

②净锅上火，倒入食用油烧热，将葱、姜爆香，下入黄瓜、水发木耳、银耳稍炒，倒入水，调入盐煲至熟，淋入芝麻油，撒上红椒丝即可。

● **营养功效**

黄瓜能起到除湿降脂的功效；银耳能起到滋补生津、润肺养胃的作用。此汤滋补降脂，有助于防治耳聋。

黄花菜黄瓜汤

● **材料**

黄花菜150克，黄瓜100克，鸡脯肉50克

● **调料**

盐适量，味精3克，芝麻油3克，葱丝5克

● **做法**

①将黄瓜洗净切丝；黄花菜洗净；鸡脯肉洗净切丝备用。

②净锅上火倒入油，将葱烩香，下入鸡脯肉煸炒，倒入水烧开。

③加入黄花菜、黄瓜，调入盐、味精，淋入芝麻油即可。

● **营养功效**

黄花菜有降低胆固醇的功效；黄瓜有除湿降脂的功效。此汤清热解毒，可以降脂，利于老年性耳聋患者食用。

 # 白菜豆腐汤

● **材料**

小白菜100克，豆腐50克

● **调料**

盐4克，鸡精3克，芝麻油5克

● **做法**

①将小白菜用清水洗净，切成小段，备用；将豆腐洗净切成小块，备用。

②在锅中注入适量清水，烧开后，放入准备好的小白菜、豆腐煮开。

③调入盐、鸡精煮匀，淋入芝麻油即可出锅。

● **营养功效**

白菜清热解毒，可增强人体抗病能力；豆腐益气宽中、生津润燥。此汤降脂益气，有防治耳聋的功用。

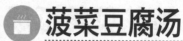 # 菠菜豆腐汤

● **材料**

菠菜150克，豆腐50克

● **调料**

盐适量，味精3克，高汤适量

● **做法**

① 将菠菜用清水洗净，然后切成小段；将豆腐洗净切成条，放置备用。

② 炒锅上火，倒入准备好的高汤烧沸。

③ 在高汤内再加入盐、味精调味，最后下入菠菜、豆腐煲至熟。

④ 最后即可出锅，装盘食用。

● **营养功效**

菠菜能滋阴润燥、泻火下气；豆腐有益气补中、生津润燥的效果。此汤滋阴益气，可以帮助人体维持正常听力。

 # 腐竹黄瓜汤

● **材料**

水发腐竹90克，黄瓜75克

● **调料**

盐4克，鸡精2克，葱丝、姜丝各3克

● **做法**

① 将水发腐竹、黄瓜均用清水洗净，切成细丝，备用。

② 净锅上火，倒入适量食用油，将葱、姜入锅爆香。

③ 然后再下入黄瓜、水发腐竹煸炒。

④ 倒入水，调入盐、鸡精煲至熟即可。

● **营养功效**

腐竹有良好的健脑作用，还能降低血液中胆固醇的含量；黄瓜可以除湿降脂。此汤降脂除湿，利于老年性耳聋患者食用。

菠萝苦瓜汤

● **材料**

菠萝肉25克，苦瓜35克，胡萝卜5克

● **调料**

盐少许

● **做法**

①菠萝肉洗净后切薄片；苦瓜用清水洗净，去籽切片。

②胡萝卜用清水洗净，然后去皮，切片。

③将水放入锅中，开中火，将苦瓜、胡萝卜、菠萝入锅煮。

④煮至水滚后转小火将材料煮熟，加入少许盐调味即可。

● **营养功效**

菠萝补脾胃、固元气、益气血；苦瓜降低血糖、补肾健脾。此汤益气健脾，对老年性耳聋有着很好的效果。

薏米南瓜浓汤

● **材料**

薏米35克，南瓜150克，洋葱60克，奶油5克

● **调料**

盐3克，奶精少许

● **做法**

①薏米洗净入果汁机打成薏米泥；南瓜洗净，去皮，切丁；洋葱洗净切丁，均入果汁机打成泥。

②锅烧热，将奶油融化，将南瓜泥、洋葱泥、薏米泥倒入锅中煮滚并化成浓汤状后加盐，再淋上奶精即可。

● **营养功效**

南瓜消炎止痛、降低血糖；薏米健脾补肺、清热利湿。此汤清热消炎，利于老年性耳聋患者食用。

营养功效

梨清热降火、养血生津；西红柿清热解毒、凉血平肝。此汤清热解毒，利于老年性耳聋患者食用。

🍲 雪梨西红柿汤

● 材料

雪梨、海带、西红柿各80克，无花果、蜜枣各40克

● 调料

盐2克

● 做法

① 雪梨洗净，切块；海带泡发，洗净，然后切块；西红柿洗净，切丁备用。
② 无花果、蜜枣分别洗净，然后用清水浸泡。
③ 油锅烧热，注入清水烧开，放入雪梨、海带、无花果、蜜枣同煮。
④ 调入盐拌匀，加入西红柿煮片刻即可。

营养功效

黄豆健脾益气、宽中润燥；苦瓜有降低血糖、补肾健脾的功效。此汤补肾益气，适合老年性耳聋患者食用。

🍲 苦瓜黄豆排骨汤

● 材料

猪排骨50克，苦瓜200克，黄豆60克

● 调料

盐4克，高汤500克，生抽、花椒粉、料酒、鸡精各适量，葱20克，姜10克

● 做法

① 将排骨洗净改刀成段；苦瓜去瓤洗净切块；黄豆洗净；葱洗净切段；姜洗净切片。
② 锅中注油烧至五成热，倒入排骨段、姜片翻炒，调入料酒、生抽、高汤、花椒粉、葱段、黄豆、盐、苦瓜块。
③ 煮开后转入砂锅中，炖至肉离骨，调入鸡精即可。

南瓜猪骨汤

● **材料**

猪骨、南瓜各100克

● **调料**

盐3克

● **做法**

① 南瓜去瓤，去皮，洗净切块；猪骨洗净，斩开成块。

② 净锅入水烧沸，下猪骨氽透，取出洗净。

③ 将南瓜、猪骨放入瓦煲，注入水，大火烧沸。

④ 改小火炖煮2.5小时，加盐调味即可。

● **营养功效**

猪骨补脾、补中益气；南瓜消炎止痛、降低血糖。此汤消炎补益，对老年性耳聋有着很好的效果。

猪排骨炖洋葱

● **材料**

猪排骨750克，洋葱250克

● **调料**

姜丝、白糖各5克，盐、胡椒粉、味精各适量，酱油10克

● **做法**

① 将洋葱洗净切块，和洗净的排骨放一起，加酱油、胡椒粉、味精、姜、盐腌30分钟。

② 锅放油烧热，将排骨煎至八成熟。

③ 换炒锅放油，入洋葱爆香，入排骨和酱汁，加水小火炖60分钟，放白糖煮入味后出锅。

● **营养功效**

洋葱可以降血脂，延迟细胞衰老；排骨有着补脾、补中益气的效果。此汤降脂补气，有防治老年性耳聋的效果。

胡萝卜煲牛尾

● **材料**

牛腩、牛尾各150克，白萝卜、胡萝卜各适量

● **调料**

盐、胡椒粉各少许

● **做法**

①牛腩洗净，切块；牛尾去毛洗净，切段；白萝卜、胡萝卜分别去皮洗净，切块。

②汤锅加入适量清水，下入牛腩、牛尾、白萝卜、胡萝卜块。

③先用大火烧沸，直到烧开，然后再转小火慢慢煲熟。

④加入盐、胡椒粉调味即可。

● **营养功效**

胡萝卜健脾化滞，还可降血糖；牛尾补气养血、强筋骨。此汤健脾补气，对耳聋症有很好的防治效果。

香菇白菜猪蹄汤

● **材料**

猪蹄250克，白菜叶150克，香菇10朵

● **调料**

盐少许，味精3克，姜片5克，芝麻油2克

● **做法**

①将猪蹄洗净，切块，氽水；白菜叶洗净；香菇用温水泡开洗净备用。

②净锅上火倒入油，将姜炝香，下入白菜叶略炒，倒入水，加入猪蹄、香菇煲2小时。

③调入盐、味精，淋入芝麻油即可。

● **营养功效**

香菇益胃和中、透疹解毒；白菜清热解毒，可增强人体抗病能力。此汤清热解毒，有助于防治老年性耳聋。

牛腩炖白萝卜

● **材料**

牛腩500克，白萝卜800克，芹菜10克，枸杞50克

● **调料**

盐4克，黑胡椒粉5克，高汤适量

● **做法**

① 牛腩洗净，切条，用盐、黑胡椒粉腌渍；白萝卜去皮，洗净，切长条；芹菜洗净，切段。

② 将牛腩放入瓦煲，加入高汤烧开，加入洗净的枸杞，小火炖1小时。

③ 然后加入白萝卜炖半小时，最后加入盐和芹菜段，即可出锅。

● **营养功效**

白萝卜能化痰清热，抑制黑色素合成；牛腩安中益气、健脾养胃。此汤益气健脾，可以预防老年性耳聋。

羊肉白萝卜煲山楂

● **材料**

羊肉500克，白萝卜100克，山楂糕30克

● **调料**

精盐4克，白糖2克

● **做法**

① 将羊肉洗净、切块、汆水，接着是白萝卜洗净、切块，然后把山楂糕切成小块状备用。

② 煲锅上火倒入水，下入羊肉、白萝卜、山楂糕等。

③ 最后调入精盐、白糖，煲至熟，即可盛出品尝。

● **营养功效**

白萝卜能提高免疫力、降低胆固醇；羊肉健脾和胃、清热解毒。此汤清热补肝，利于老年性耳聋患者食用。

白萝卜煲羊肉

● 材料

羊肉350克，白萝卜100克，枸杞10克

● 调料

盐、生姜、鸡精各适量

● 做法

①羊肉洗净，切块，余水；白萝卜洗净，去皮，切块；生姜洗净，切片；枸杞洗净，浸泡。

②炖锅中注水，烧沸后放入羊肉、白萝卜、生姜、枸杞以小火炖。

③2小时后，转大火，调入盐、鸡精，稍炖出锅即可。

● 营养功效

羊肉益气补虚、散寒祛湿；白萝卜化痰清热，可以抑制黑色素合成。此汤益气清热，对老年性耳聋有较显著的功效。

西红柿莲子咸肉汤

● 材料

猪瘦肉50克，西红柿200克，胡萝卜30克，莲子25克

● 调料

盐4克，葱1根

● 做法

①猪瘦肉洗净沥干，用盐抹匀，腌渍12小时，再切小块。

②西红柿洗净切块；胡萝卜洗净去皮，切厚块；葱洗净切花；莲子洗净去莲心。

③将猪肉、胡萝卜、莲子放入清水锅内，大火煮沸后改小火煲20分钟，加入西红柿再煲5分钟，放入葱花，加盐调味。

● 营养功效

西红柿可延缓衰老，具有抗氧化功能；莲子清心醒脾、补脾止泻。此汤清热解毒，对老年性耳聋患者有很好的食疗作用。

柠檬鸡汤

● **材料**

鸡肉450克，柠檬、蜜枣、枸杞各20克

● **调料**

盐4克，鸡精3克

● **做法**

①鸡肉洗干净，切成小块状，然后汆水。

②柠檬洗净，切成小片；枸杞洗净，浸泡。

③锅中注水，放入鸡肉、洗净的蜜枣、枸杞慢炖。

④待鸡肉熟烂之后，放入柠檬，然后小火稍炖，加入盐和鸡精调味，出锅装入炖盅即可。

● **营养功效**

柠檬生津祛暑、健脾消食；鸡肉补虚损、健脾胃。此汤有健脾补益的作用，利于耳聋患者食用。

柠檬乳鸽汤

● **材料**

乳鸽1只，瘦肉150克，柠檬、党参各适量

● **调料**

盐3克，姜片少许

● **做法**

①乳鸽收拾干净；瘦肉洗净切块；柠檬洗净，切薄片；党参洗净浸泡。

②锅入水烧开，将乳鸽、瘦肉滚尽血水，捞出，用清水冲洗。

③将乳鸽、瘦肉、姜片、党参放入炖盅，注水后大火烧开，放入柠檬，改小火煲2小时，加盐调味即可。

● **营养功效**

鸽肉补肾壮阳，有缓解神经衰弱之功效；柠檬可以生津祛暑、健脾消食。此汤补肾健脾，经常食用有利于防治老年性耳聋。

大白菜老鸭汤

●**材料**　老鸭肉350克，大白菜150克，枸杞15克

●**调料**　生姜、盐、鸡精各5克

●**做法**

①老鸭收拾干净，切块，氽水；大白菜、生姜洗净，切段；枸杞洗净浸泡。

②锅中注水，烧沸后放入材料炖1.5小时。

③放入大白菜，大火炖30分钟后调入盐、鸡精即可食用。

杜仲艾叶鸡蛋汤

●**材料**　杜仲25克，艾叶20克，鸡蛋2个

●**调料**　盐5克，生姜丝少量

●**做法**

①杜仲、艾叶分别用清水洗净。

②鸡蛋打入碗中，搅成蛋浆，再加入姜丝，放入油锅内煎成蛋饼，放凉后切成块。

③再将以上材料放入煲内，用适量水，猛火煲至滚，然后改用中火续煲2小时，加盐调味即可。

莲子炖鸡蛋

●**材料**　莲子20克，鸡蛋2个，乌鸡肉50克

●**调料**　盐3克，鸡精2克

●**做法**

①将莲子泡发洗净，去莲心；鸡蛋煮熟，去壳备用；乌鸡肉洗净备用。

②将莲子、鸡蛋和乌鸡放入锅中加水炖煮1小时，最后加盐和鸡精调味。

🍲 鱼片豆腐汤

●**材料** 鱼肉300克，豆腐150克
●**调料** 盐4克，鸡精2克，蚝油约15克

●**做法**
①将鱼肉洗净，切片；豆腐洗净，切块。
②油烧热，下入鱼肉滑炒，加入少许蚝油，倒入适量清水烧开，再加入豆腐煮至熟。
③加入盐、鸡精调味，起锅盛入碗中。

🍲 枸杞菜鲫鱼汤

●**材料** 枸杞菜500克，鲫鱼1条
●**调料** 橘皮、姜片、盐、味精、芝麻油各适量

●**做法**
①将枸杞菜洗净，切段；鲫鱼收拾干净。
②将枸杞菜、鲫鱼同放于砂锅中，加入清水600克，大火烧开后，加入橘皮、姜片和盐，转用小火煮熟，下味精，淋芝麻油即可。

黄花菜鱼丸汤

●**材料** 草鱼肉200克，黄花菜150克，油菜50克
●**调料** 盐、高汤各适量，葱段3克

●**做法**
①将草鱼肉洗净剁蓉，加盐搅匀，捏鱼丸后氽熟；黄花菜浸泡洗净；油菜洗净备用。
②锅上火倒入油，将葱爆香，倒入高汤，调入盐，再下入鱼丸、黄花菜煲至熟，放入油菜煮熟即可。

🍲 脑动脉硬化，可以常喝这些汤

导致脑动脉硬化的原因有多种，比如过多摄入高热量、高脂肪、高胆固醇、高糖和高盐，都容易引发脑动脉硬化。同时，高血压、高血脂与脑动脉硬化的关系相当密切，血压或血脂升高，很容易引发动脉粥样硬化，进而加速血栓的形成。

饮食指导 ▶	①少吃高胆固醇、高脂肪的食物：应该注意，每日胆固醇摄取量不宜超过300毫克。 ②饮食宜清淡：不要食用过咸或者过甜的食物，否则容易导致人体血液中的甘油三酯含量增高，不利于健康。 ③保持正常饮食，适当运动：每日各类食物的摄入量不宜过量，要保持均衡，同时还应坚持做运动。
煲汤食材 ▶	小白菜、芥菜、菠菜、南瓜、冬瓜、胡萝卜、玉米、竹笋、茄子、香菇、猪瘦肉、猪排骨、猪肝、鸡蛋、鲫鱼、木耳、紫菜、山药、红薯、花生、香蕉等。

🍲 芥菜萝卜汤

● **材料**

芥菜150克，心里美萝卜200克

● **调料**

盐4克，姜2片

● **做法**

①将芥菜用清水洗净，切成小段，备用。

②心里美萝卜去皮，用清水洗净，切块。

③油锅烧热，放入姜片，将心里美萝卜爆炒5分钟。

③加入1000克沸水，煮沸后加入芥菜，煲滚20分钟，加盐调味即可。

● **营养功效**

芥菜有提神醒脑、宽肠通便的作用；心里美萝卜有利于保持血液酸碱平衡。此汤能消脂健脑，帮助脑动脉硬化患者较快恢复健康。

山药南瓜汤

● 材料

山药200克，南瓜100克

● 调料

盐4克，葱花3克，高汤适量

● 做法

① 将山药用清水洗净，去掉表皮，切成小细丝状，备用。

② 将南瓜洗净，去掉瓜皮，切成细丝，备用。

③ 净锅上火倒入油，将葱爆香，倒入高汤，然后下入山药、南瓜，调入盐，煲至熟，即可盛出食用。

● 营养功效

山药对预防脑动脉硬化有益；南瓜有降低胆固醇的作用。此汤有促进代谢、增强免疫力、消脂降压的作用，适合脑动脉硬化患者食用。

牛奶木瓜甜汤

● 材料

木瓜200克，牛奶300克，桂圆肉5克

● 调料

红糖15克

● 做法

① 将木瓜洗净削去表皮，去掉瓜籽后，切成同大的块，然后放置备用。

② 将牛奶、桂圆肉分别倒入砂煲内，上火煮开，煮开后转小火。

③ 待牛奶煮开后，再加入木瓜块煮至熟，加入红糖调味，即可出锅，装入碗中食用。

● 营养功效

牛奶有防止动脉硬化、增强免疫力的作用；木瓜能帮助清除体内废物。此汤能起到消除疲劳的作用，适合脑动脉硬化患者食用。

 **香蕉甜汤**

● 材料

香蕉2根

● 调料

冰糖适量

● 做法

①将香蕉去掉皮，用清水洗净，再切成厚度相同的小段。

②将准备好的香蕉段整齐码放好，放入煲中。

③往煲中加入适量的冰糖和清水，隔水蒸，最好蒸至香蕉熟的时候，然后即可出锅食用。

● **营养功效**

香蕉能控制血压、增强抗病能力；冰糖有补中益气、和胃润肺的功效。此汤具有促进代谢、增强免疫力、消脂除瘀的作用，对脑动脉硬化有很好的辅助调理作用。

 冬瓜瘦肉汤

● 材料

冬瓜100克，瘦肉200克，陈皮1片，薏米适量

● 调料

盐4克，虾皮、生姜各适量

● 做法

①冬瓜洗净去皮，切块；瘦肉洗净切块；薏米洗净浸泡；生姜洗净切片；陈皮、虾皮分别洗净。

②瘦肉放入沸水中氽去血水后捞出。

③将冬瓜、瘦肉、薏米、生姜、陈皮、虾皮放入锅中，加入适量清水，炖煮1.5小时后放入盐调味即可。

● **营养功效**

冬瓜有消脂、防止脑动脉硬化加剧的作用；猪瘦肉能提高免疫力和抗病能力。此汤有消脂祛腻、健脑降压的功效，适合脑动脉硬化患者食用。

胡萝卜红薯猪骨汤

● 材料

猪骨100克，胡萝卜、红薯各150克

● 调料

盐适量

● 做法

①猪骨洗净，斩开成块；胡萝卜洗净，切块；红薯去皮，洗净切块。

②锅入水烧开，下猪骨汆烫至表面无血水，捞出洗净。

③将猪骨、胡萝卜、红薯放入炖盅，注入清水，以大火烧开，改小火煲2小时，加盐调味即可。

● 营养功效

胡萝卜有消脂降压的作用；红薯对大脑开发有益处。此汤有健脑益智、增强免疫力、防动脉硬化的作用，非常适合脑动脉硬化患者食用。

 # 南瓜猪肝汤

● 材料

南瓜200克，猪肝120克

● 调料

盐4克，葱花适量

● 做法

①将南瓜去掉瓜皮、瓜籽，用清水洗净，然后切成小片状，放置碗中备用。

②再将猪肝用清水洗净，切成小薄片，再将他们放入锅中煮熟，备用。

③净锅上火倒入水，下入猪肝、南瓜煲至熟，调入盐拌匀，撒上葱花即可。

● 营养功效

南瓜有消除淤积物、降低胆固醇的作用；猪肝能增强免疫力。此汤有排毒消脂、降压降胆固醇的作用，能帮助脑动脉硬化患者较快恢复健康。

 # 木耳南瓜瘦肉汤

- ● **材料**

猪肉60克，南瓜80克，木耳30克

- ● **调料**

盐、味精、料酒各适量

- ● **做法**

①猪肉洗净，切片；南瓜去皮洗净，切丁；木耳泡发洗净，切片。

②肉片加盐、料酒腌渍。

③油锅烧热，注入清水烧开，加入猪肉、南瓜、木耳同煮至熟。

④调入盐、味精煮至入味即可。

- ● **营养功效**

猪肉能增强免疫力；南瓜能消除淤积物、降低胆固醇。此汤有强身健体、防动脉硬化的作用，适合脑动脉硬化患者食用。

火腿香菇竹笋汤

- ● **材料**

水发香菇50克，笋300克，火腿片50克

- ● **调料**

鸡汤适量，盐、料酒、姜片、葱段各少许

- ● **做法**

①笋对切成两半，然后洗净；香菇、火腿片洗净。

②将笋、香菇投入锅中，旺火煮透，然后过凉水。

③油锅烧热，下鸡汤、笋、火腿、香菇、姜片、盐和料酒烧开，转小火炖1小时，起锅前撒上葱段。

- ● **营养功效**

香菇有降压、降胆固醇的作用；竹笋有增强抗病能力、促进胃肠蠕动的作用。此汤有清除胆固醇、增强抵抗力的功效，适合脑动脉硬化患者食用。

排骨竹笋菠菜汤

● **材料**

猪排骨400克，竹笋150克，菠菜45克

● **调料**

盐少许

● **做法**

①将猪排骨用清水洗净，斩块，氽水后沥干水分。

②将竹笋用清水洗净，切成段。

③将菠菜用清水洗净，切成段，焯水后沥干水分，备用。

④净锅上火倒入水，下入猪排骨、竹笋，调入盐，煲至快熟时，下入菠菜即可。

● **营养功效**

猪排骨有增强免疫力的作用；菠菜有促进消化、消除淤积物的作用。此汤能消脂通便、增强免疫力，适合脑动脉硬化患者食用。

玉米排骨小白菜汤

● **材料**

猪排250克，玉米棒30克，小白菜25克

● **调料**

精盐适量

● **做法**

①将猪排用清水洗净，切成块，氽水后沥干水分；将玉米棒用清水洗净，切成块；将小白菜用清水洗净，切段备用。

②净锅上火，倒入适量清水，下入排骨、玉米块烧开。

③最后再调入精盐，煲至熟，下入小白菜即可。

● **营养功效**

猪排骨能提高抗病能力；玉米可降低胆固醇浓度；小白菜能增强免疫力。此汤能降压消脂，帮助脑动脉硬化患者较快恢复健康。

黄芪牛肉蔬菜汤

●**材料** 牛肉、西红柿、西蓝花、土豆、黄芪各适量

●**调料** 盐2小匙

●**做法**

①牛肉洗净切大块，入沸水汆烫，捞出沥干；土豆、西红柿、西蓝花分别洗净切块。

②将备好的牛肉、黄芪和西红柿、西蓝花、土豆一起放入锅中，加水至盖过所有材料。

③以大火煮开后转用小火续煮30分钟，然后再加入盐调味即可。

山楂麦芽猪腱汤

●**材料** 猪腱、山楂、麦芽各适量

●**调料** 盐2克，鸡精3克

●**做法**

①山楂洗净，切开去核；麦芽洗净；猪腱洗净，斩块。

②锅上水烧开，将猪腱汆去血水，取出洗净。

③瓦煲内注水用大火烧开，下入猪腱、麦芽、山楂，改小火煲2.5小时，加盐、鸡精调味，即可出锅。

冬瓜干贝老鸭汤

●**材料** 冬瓜500克，干贝50克，老鸭1只，猪瘦肉200克，陈皮1片

●**调料** 盐少许

●**做法**

①干贝洗净泡软；冬瓜洗净连皮切厚块。

②老鸭去内脏，洗净，去鸭头和尾部不用，剁块，汆烫5分钟，沥干；猪肉洗净切块。

③汤锅中加水，煲至水开放入材料，改以中火继续煲3小时，加盐调味即可。

蛋花西红柿紫菜汤

- **材料** 紫菜100克，西红柿50克，鸡蛋50克
- **调料** 盐3克

- **做法**
① 紫菜泡发，洗净；西红柿洗净，切块；鸡蛋打散。
② 锅置于火上，加入油，注水烧至沸时，放入紫菜、鸡蛋、西红柿。
③ 再煮至沸时，加盐调味，即可出锅。

金橘蛋包汤

- **材料** 金橘3个，鸡蛋1个
- **调料** 姜2片，芝麻油适量

- **做法**
① 金橘剥成片状；鸡蛋打散。
② 先用芝麻油起锅，放入姜片爆香，再倒入适量清水煮开，再放入准备好的金橘，再转小火续煮10分钟。
③ 打入鸡蛋，待熟即可出锅，装入碗中食用。

山楂山药鲫鱼汤

- **材料** 鲫鱼1条，山楂、山药各30克
- **调料** 盐、味精、姜片各适量

- **做法**
① 将鲫鱼去鳞、鳃及肠脏，洗净切块。
② 起油锅，用姜爆香，下鱼块稍煎，取出备用；山楂洗净；山药去皮，洗净切片。
③ 把全部材料一起放入锅内，加适量清水，大火煮沸，小火再煮1~2小时，加盐和味精调味即可。

大蒜豆腐鱼头汤

● **材料**　鱼头1个，豆腐200克
● **调料**　盐少许，姜3片，葱段、蒜瓣各15克

● **做法**

①鱼头收拾干净后剖成两半，下入热油锅煎香；豆腐洗净，切小方块；蒜瓣洗净拍碎。

②净锅上火加水，放入姜片、葱段、蒜末，下入鱼头，煲至汤汁呈乳白色。加入豆腐再煮20分钟，最后调入盐即可。

香蕉鱼片汤

● **材料**　生鱼1尾，香蕉200克，银耳5克
● **调料**　盐少许，鸡精3克，芝麻油2克，葱花、枸杞各适量

● **做法**

①将生鱼收拾干净，取肉切成大片；香蕉去皮切片；银耳泡发洗净撕小块备用。

②锅上火倒入水煮开，下入鱼片，再下入香蕉、银耳、枸杞，调入盐、鸡精，煮熟后淋入芝麻油，撒上葱花即可。

小白菜鲜虾汤

● **材料**　鲜虾175克，小白菜65克
● **调料**　盐少许

● **做法**

①将鲜虾收拾干净，备用；小白菜用清水洗净，切段备用。

②净锅上火倒入油，下入鲜虾烹香，再下入小白菜煸炒，倒入适量清水，最后调入盐煮至熟，即可出锅食用。